WILEY

Disaster Operations
and Decision Making

灾害应对与决策

[美] 罗杰·C.哈德 (Roger C. Huder) 著

夏登友 赫中全 刘 皓 杨 军 陈昶霖 译

化学工业出版社
·北京·

内容简介

　　《灾害应对与决策》是将应急管理规则与经过验证的军事概念有效融合的理论著作，紧紧围绕灾害条件下形势研判、应急决策、舆情控制、心理疏导、团队建设、应对训练等内容展开论述，并提供了灾害应对决策辅助工具和工作表。

　　本书可供应急管理人员、消防救援人员、安全专家、公共健康管理人员以及所有有志于应急管理事业的人员参考阅读。

Disaster Operations and Decision Making，the first edition/by Roger C. Huder
ISBN 978-0-470-92793-9
Copyright © 2012 by John Wiley & Sons，Inc. All rights reserved.
Authorized translation from the English language edition published by John Wiley & Sons，Inc.

本书中文简体字版由 John Wiley & Sons，Inc. 授权化学工业出版社独家出版发行。

北京市版权局著作权合同登记号：01-2024-1791

图书在版编目（CIP）数据

　　灾害应对与决策 /（美）罗杰·C. 哈德
（Roger C. Huder）著；夏登友等译. -- 北京：化学工业出版社，2024.8
　　书名原文：Disaster Operations and Decision
Making
　　ISBN 978-7-122-45765-3

　　Ⅰ. ①灾… Ⅱ. ①罗…②夏… Ⅲ. ①灾害防治-研究 Ⅳ. ①X4

　　中国国家版本馆 CIP 数据核字（2024）第 108077 号

责任编辑：林　媛　窦　臻　　　　　文字编辑：向　东
责任校对：刘　一　　　　　　　　　装帧设计：王晓宇

出版发行：化学工业出版社
　　　　　（北京市东城区青年湖南街 13 号　邮政编码 100011）
印　　装：三河市航远印刷有限公司
710mm×1000mm　1/16　印张 18¼　字数 284 千字
2024 年 10 月北京第 1 版第 1 次印刷

购书咨询：010-64518888　　　　　售后服务：010-64518899
网　　址：http://www.cip.com.cn
凡购买本书，如有缺损质量问题，本社销售中心负责调换。

定　　价：98.00 元　　　　　　　　　版权所有　违者必究

译者前言

灾害是能够对人类和人类赖以生存的环境造成破坏性影响的事件总称，它包括地震、洪水、海啸等自然灾害，也包括火灾、恐怖袭击、环境污染等人为灾害。各类灾害伴随着人类社会发展的整个过程，对人类社会的发展产生了深远的影响。人类在与各类灾害斗争的过程中不断积累经验，并升华成为理论来指导人们更好地应对灾害，有效预防和降低了各类灾害所造成的生命和财产损失。为吸收借鉴国际上相关领域成熟的研究成果，经过专题调研和选题论证后，决定翻译引进《灾害应对与决策》一书。

《灾害应对与决策》由美国应急管理领域学者罗杰·C.哈德先生编著，是目前唯一一部将应急管理规则与经过证明的军事概念有效融合的理论著作，图书内容涵盖形势研判、应急决策、应对行动、舆情控制、心理疏导、团队建设、应对训练等内容，以及术语表、建议阅读资料等补充性内容。对于应急管理人员、消防救援人员、安全专家、公共健康管理人员以及所有有志于应急管理事业的人员来说都是非常重要的学习资源。

本书翻译分工如下：引言由杨军翻译，第 1 章由夏登友翻译，第 2～3 章由刘皓翻译，第 4～8 章由杨军翻译，第 9～10 章由陈昶霖翻译，第 11 章由赫中全翻译，全书由赫中全统稿。

在翻译过程中，我们在充分理解原著的基础上，尽量做到"信、达、雅"，但限于翻译水平有限，书中难免存在纰漏之处，在此，请广大读者批评指正！

夏登友

2023 年 7 月

前　言

——管理决策会影响行动决策，行动决策也会影响管理决策。

你所做的每一件事，以及你需要做的所有事情，最终都会被你所在应急组织内外的其他人，各自从利己的角度进行审视。媒体只会关注什么是错的，而不会关注什么是对的。由于媒体对应急组织的工作要求会给应急组织造成压力，所以社区应急组织中所存在的优点和不足也都会因此而暴露并且被放大。应急组织中的人员可能没有能力马上应对这个挑战，有些人会被吓得不知所措，有些人可能会选择逃避，与家人待在一起而不敢露面。在灾害现场，根据每个人的表现，应急组织可以对其进行升职、降职甚至是撤职。最重要的是，即使你不做决策，但仍要为社区的应急组织协同工作负责，并根据他们的表现而被评价和审视。因此，在灾害发生时，应急管理者是你能够想到的所有职位中最难的，也是最重要的职位之一。社区内一场灾害最终会造成多大的影响，取决于你能否处理好所有影响因素。因为灾害一旦发生，它将会持续影响该区域，直到你控制住局面，并开始做灾后重建工作。

灾害来临时，你的工作能做得多好，其实早在灾害发生之前就已经有了答案。它取决于你工作的方方面面，取决于你在会议上、在办公室里，或者在你社区的大街小巷里等各个场合中的工作情况；它依赖于你自己领导地位的确立，在政府机构中灵活处理事务的能力，以及为社区应对灾害做好的充足准备，这可能是一个漫长且见效很慢的过程。我意识到必须想出一种方式来提醒自己，这些年在办公室的努力中，自己到底在为谁而战，最终我想到了一个准则，并试图以此作为工作的指导原则。

本书就是本着该指导原则撰写而成的，我称其为"小老太太准则"。我从基层工作干起，作为一名基层工作的第一响应人，基层人员的决策及其效果很快就能凸显出来，并会在第一时间知道做出的决策是否正确。我也需要以同样的方式，胜任会议室以及办公室等更高的工作岗位。

小老太太准则

　　我的社区里有一位小老太太，她在过去50年间一直按时纳税，除了要求政府部门清理垃圾、铺设街道和人行道，以及提供一些公共场所和设施之外，她没提过其他要求，而这些都是政府应该给所有人提供的基本服务。在灾害发生时，她的家甚至她的生命都处于危险之中，那些最基本的服务已经远远无法满足她的需求。她不像上访者一样有同行人员一起去找政府官员反映诉求，以此来确保自己的利益得到保障，她只能依靠我。所以这条准则就是，对于我制定的决策，如果小老太太觉得是最好的，那么这个决策对于整个社区来说也是最好的。她代表了所有信任我们的人，相信我们可以做出对她以及和她一样的人最有利的决策。

　　如果你做了一件对小老太太来说正确的事情，那么对整个社区来说，也会是一件正确的事情。作为一名应急管理者，你所能做的事情，就是做出对整个社区最有利的决策，无论这些决策有多大困难，或者它们可能在管理层面有多不受欢迎。无论司法管辖区是大还是小，该准则都应适用，它可以帮助我做出我认为对整个社区最有利的决策，因为小老太太代表了所有那些最依靠我们的人，对她来说正确的决策，即是对整个社区都正确的决策。

　　这项准则虽不能让我们更轻松地做出决策或是让决策更受欢迎，但于我而言，它却成为了我的底线以及核心信念。如果我因为这些决策而要被撤职，我也无怨无悔，因为我做了我认为对小老太太，以及像她这样的人都最有利的事情。

　　在事前、事中或是事后的战斗中，我并非总是赢家，但这条准则发挥了作用，因为我觉得我做出了对社区来说最好的决策，而对于灾害应对来说，这也是你能想象的最好的结果。本书就是本着"小老太太准则"撰写而成的，我希望它能给读者提供一些工具和方法，以应对灾害带来的各种挑战，如果这本书确实发挥了作用，那就说明我的准则也发挥了作用。

罗杰·C. 哈德（Roger C. Huder）

目　录

第 1 章
应急管理人员：危机中的领导者 　　　　　005

第 2 章
危机决策 020

第 3 章
救灾行动：操作的艺术 037

第 4 章
决策图：绿灯系统 060

第 5 章
应急救援行动中心　　　　　　　070

本章附录　　　　　　　　　　084

第 6 章
媒体、朋友和敌人
097

本章附录
104

第 7 章
NIMS 和 ICS
109

第 8 章
技术和社交媒体　　　　　　　　136

第 9 章
团队建设：核心联络组　　　　　　　147

第 10 章
训练团队　　　　　　　　　　　162

第 11 章

资料：决策辅助工具和工作表　　　　　　　　　216

联邦应急管理局术语表　　　　　　　　　259

建议阅读资料　　　　　　　　　275

索引　　　　　　　　　279

引　言

对于面临灾害的任何组织和个人来说，灾害都是充满压力的。在这些参与者中，有些人能胜任这项任务，而有些则不能。在应对灾害过程中，有些人会升职，有些人会降职甚至被撤职。对灾害做出最佳响应的唯一方法，就是建立一个结构体系，用于在这种压力条件下对信息进行收集、处理和优先级排序。只有这样，才能做出并实施好的决策。

在减灾、备灾、响应和恢复的应急管理四阶段中，前两个阶段尤其重要。这本书讲述的就是在最初的关键几小时和几天内如何应对灾害，它讲了如何做出响应决策，以及如何训练和组建你应对所有事件所需要的响应团队，也涉及建立支持灾害响应团队所需的响应系统。

这本书里的原则是基于30多年的应急响应和应急管理经验得出来的，并借鉴了一些与军事行动程序相关的内容。所有的这些都是在事件指挥系统（ICS）和国家事件管理系统（NIMS）的框架下完成的。

0.1　灾害应急行动

灾害应急预案是基于情景假设制定的，那些情景假设基于的情况是制定预案时社区及其资源当时的静态状况。而在预案制定之后到灾害发生的这段时间内，社区及其资源的情况大部分都会发生变化。无论制定多好的预案，都无法让社区做好完全充分的灾害应对准备，因此，拥有一支训练有素的灾害响应团队，才是做好灾害应对准备的最好方式。

当灾害来袭时，其造成的影响会波及整个社区，就像把一颗石子扔进池塘，激起的波浪会传播到整个湖面一样。社区应对灾害所花费的时间越长，灾害对社区造成的影响就越大。由于需要注意的问题比解决这些问题的可用资源多得多，因此，至关重要的是必须尽可能地组织地方当局，利用社区内的现有资源有效地解决当前最关键的问题。因为获得重要的外界资源需要很长时间，所以在灾害发生后的最初72小时内，地方官员应尽可能地提高工作效率，这对于灾害应对具有十分重要的意义。综上所述，应急管理团体需要更好地掌握一种技能，也就是军方所称的"行动艺术"。

0.2　行动艺术

军队里有一句老话："任何作战预案在遭遇敌人后都会失效。"因此军方大谈"行动艺术"来保障他们的预案得以恰当地实施，因为他们认识到，打仗不仅仅是简单地执行精心设计的作战预案，相反，这是一个在战斗开始后不断调整作战预案，使其适应不断变化的环境的过程。于是军方开始训练指挥官的灵活思维，以使其具备打仗所需的灵活性。这种不断适应周围环境变化的理念，正好模拟了灾害期间所面临的挑战。

自第二次世界大战以来，到1991年第一次伊拉克海湾战争之前，美国都没有参加过类似规模的常规军事冲突。然而，指挥官们却能够从容应对，他们的出色表现看起来好像在过去的50年里一直在打类似的战争。之所以能够做到这样，是因为军方早就意识到，在训练期间，指挥官会为每次作战行动拟定一份详细的预案，但在行动中却无法实施，现实情况中，只要遇上真正聪明的敌人，往往会使自己提前制定的最佳预案无法实施。

现今，应急管理也处于完全相同的境地。人们每年用数千小时制定应对飓风、洪水、龙卷风和恐怖袭击的详细预案，然而，与为制定预案所付出的努力相比，这些预案的实施效果却显得收效甚微。造成这种情况的原因有很多，而其中最主要的原因是，没有一套基本的应急响应原则来规范社区应对灾害的行动。这些原则可以融入制定的应急预案中，使其能够有效应对灾害事件，并挽救人们的生命和财产。ICS和NIMS本身不是行动模板，设计它们的目的也不是要让它们成为行动模板，而是想让它们成为执行作战决策的有力工具。它们是一个架构，这个架构不会自己完成应对灾害的工作，但社区可以用它来建立应对灾害的组织。

到21世纪为止，军事指挥官在他们的职业生涯中可能只打一场战争，但是，他们必须拥有第一次就做好的能力，就是所谓的一战定成败。在应急管理中也是如此，应急管理者可能只有一次机会来实施他的职业规划和培训，但这一次机会也会决定他们的成败，他们的决策对自身职业发展和社区的影响，与军事指挥官决策的影响一样可怕。

0.3　军方向我们学习的东西

军方想通过训练提高军官的指挥能力。他们知道，为了实现这个目的，需要提供聚焦于战斗中指挥决策所需技能的训练，这种训练必须为他们的指挥官提供可以运用到实战中的经验。为了确定培养那些技能所需的培训和模拟科目，他们首先必须确定人们如何在时间紧迫和灾害威胁的双重压力下做出决策。

美国军队行为和社会科学研究所研究发现，与军事指挥官最相似的群体就是消防员和事件指挥官。这项研究表明，在面临时间紧迫的压力和肩负保护人们生命的责任的情况下，他们做出的决策往往与人们的预期大相径庭。随后，军方利用了这一发现，不仅用于设计他们的训练，而且还用来建立了一种全新的作战方法，这个作战方法被称为机动战。在应急管理中也是如此，应急管理者们需要确定如何做出决策，然后创建出一个行动架构和基础设施来执行这些决策。ICS 和 NIMS 已经提供了一种行动架构，但应急管理者们还需要一个开展行动的基础设施。

目前，应急管理者们总是计划得非常完善，但执行结果却不尽如人意，本书就是关于如何在灾害背景下实施应急行动。灾害发生后，媒体会有无数的问题，他们总是纠缠于是否有预案来应对特定类型的事件，以及这个预案是否全面考虑了所有问题。应急管理这个行业陷入了一个困境，就是试图制定各种可能的应急预案，并将这些预案进行优先级排序。然而，现实中的战争和灾害应急行动一再表明，那句古老的军事格言依然正确。

0.4 任何作战预案在遭遇敌人后都会失效

在应急管理过程当中会有完全相同的情况重复出现。比如，安德鲁飓风来临的时候，大都会戴德的应急管理者凯特·黑尔在问："我们的救援队伍去哪了？"，又比如在卡特里娜飓风中，有数千名受害者被困，而电视上却还在播着英国石油公司的漏油事件，这一切都证明了这句格言是正确的。

0.5 好的预案并不等于好的灾害响应

我们不能只是批评我们对灾害的响应行动，必须还要审视我们的预案，以确定一个社区是否做好了应急准备并有能力应对灾害。我们必须认识到，响应措施是社区好的应急预案和运行良好的基础设施的共同产物，少了任何一个都必然会导致响应措施迟缓和不足。要建造这样的基础设施，你必须先理解在危机中如何做出决策，然后据此来建造基础设施、制定政策和程序，以支持该决策模式。

0.6 如何使用这本书

笔者强烈建议读者多花时间去理解什么是危机决策，对人们如何在危机中做出决策的基本理解，也是本书其他章节内容的基础。应急行动的程序和建议的策略，都是从决策过程中演化出来的。如果一个应急管理者对此有了深刻理解，并且已经准备好了所需的行动基础设施，那么可以预想到，他/她已经建立了应对所有危机所需的组织。这本书旨在提供一个参考、一种资源，并希望成为一个讨论关于灾害响应行动方面的新起点。

第 1 章
应急管理人员：
危机中的领导者

实施灾害现场的组织指挥并非易事，指挥人员的决策会对社区人员的生命安全和经济损失造成影响，正确的决策部署可以大大降低灾害造成的人员伤亡。

通常，灾害现场的应急管理人员是在其所属辖区的领导下实施组织指挥活动，但有时应急管理人员的指挥权会受到限制。社区发生灾害后，应急管理人员要在媒体和公众的关注下，承受着巨大的压力，组织缺乏协同配合能力的社区人员尽快完成恢复工作。

如果灾害救援行动进展顺利，社区能够及时恢复正常，政府官员才能获得民众的认可，其声望也才会随之提升，否则现场的应急管理人员会受到指责，甚至会成为替罪羊。因此，应急管理人员从事的工作极具挑战性。与此同时，社区从遭到破坏到正常运转也会让应急管理人员获得成就感。完成此项工作的领导力不取决于应急管理人员的头衔，而取决于他们长时间的工作经验积累。

危机中的领导者或应急管理人员的指挥效率不是取决于灾害发生的那一时刻，而是取决于灾害发生前应急管理人员长时间在社区建立的关系。应急管理人员在灾害应急组织指挥体系中具有重要的作用，其职责是负责整个社区的灾害应急响应工作，但是他没有权力调动响应工作所需的全部资源，这就要求他去协调辖区内的相关部门、机构和人员。由于辖区的组织机构和人员具有复杂性和动态变化性，因此，这种协同能力并非灾时突然生成的，而是灾前多部门长时间协同演练的结果。

社区应急管理人员在获得长时间的经验积累、赢得公众的信任、了解相关政策和应急响应程序后，就可以应对灾害现场指挥过程中面临的混乱局面，但是实施组织指挥不仅需要耐心、勇气和专业知识，更需要克服政府机构在行政上存在的阻力。对于社区应急管理人员来说，掌握这些基本技能是非常必要的。

灾害应急响应需要协同社区内部及其外部的相关政府机构。灾害发生后，各级行政管理部门被重新组合，形成新的组织机构。这些组织机构及其人员的运行也需要彼此之间的密切配合，这样才能在有限的时间内和公众的监督下完成灾害应急响应任务。

这种新的组织指挥模式需要新的领导角色来承担。虽然应急管理人员没有指挥其他组织的权力，但是其领导力已被认可，其在灾害现场的指挥决策已被采纳。这种新的领导力要求应急管理人员要敢于向上级主管部门的领导提建议，敢于在权力面前说真话。经过长时间的实践检验，应急管理人员已得到上级领导的信任。

2005 年，哈佛大学的 Leonard J. Marcus 和 Barry C. Dorn 以及美国疾病控制和预防中心的 Joseph M. Henderson，在论文《元领导力和国家应急准备》中详细论述了这种领导范式。2007 年，该论文的核心要点在哈佛大学公共卫生学院和肯尼迪政府学院的联合项目中被提炼成一份执行摘要，即"国家应急准备和国家应急准备领导力倡议之元领导力的五个维度"。

元领导力

1. 元领导者拥有的专业知识和经验会让他们获得社区其他人员的信任，也能为组织和社区制定最佳的灾害应急决策方案。

2. 元领导者具有态势感知的能力。在信息不完备的情况下，通常会从全局考虑，及时制定正确的决策、记录和描述决策过程，并在快速发展变化和混乱的灾害现场环境中持续地进行态势感知。

3. 元领导者根据其职责范围建立有上下级隶属关系的组织指挥层级，各层级的组织机构基本相同。

4. 元领导者"指挥"他们的上级，这里的"指挥"不是行政权力上的指挥，也不是从自身利益出发，而是从专业的角度为政府部门谋求社区利益最大化、提出最有利的建议。

5. 元领导者是跨机构间协同的纽带。灾害发生前，元领导者应该与其他部门和政府机构建立一种相互尊重的良好关系。应急管理人员要明确自身的定位，并在灾害发生后履行相应的职责。

应急管理人员只有遵循这五个基本原则，才能成为高效的灾害应急响应领导者。

1.1 如何成为危机中的领导者

当笔者刚从事应急管理工作时，社区应急管理人员在灾害应急组织指挥体系中的地位并不突出。雨果飓风、安德鲁飓风、"9·11"恐怖袭击事件和卡特里娜飓风等灾害的应急管理工作不仅没有得到应急机构及部门的重视，而且缺乏救灾所需的资源，甚至没有救灾资源可用。这些具有里程碑意义的灾害事件标志着应急管理研究的起步。尽管笔者所在的辖区位于佛罗里达州的飓风高发地带，但毕竟距离社区遭受飓风直接袭击已经过去了 30 年之久，因此对于它所造成的严重后果已经失去了直观的记忆。城市对所有灾害都毫无准备，更不用说飓风灾害了。

自此笔者开始了灾害应急管理的职业生涯。由于没有可供遵循的模型，笔者采用了类似常识的策略，即借鉴 Leonard J. Marcus、Barry C. Dorn 以及 Joseph M. Henderson 开创性论文中定义的"元领导力"原则，来确立应急管理人员在灾害应急准备和应急响应中的领导地位和领导力。

"元领导力"这一概念是笔者多年工作经验的总结。这种领导力不是应急管理人员被任命时拥有的权力，而是在现有的组织机构中发挥作用时获得的权力。而获得这项能力，需要付出时间、努力和耐心。只有当灾害或危机真正发生时，所有的付出才能得到回报，应急管理人员在组织指挥体系中的作用才能体现出来。

理想情况下，应急管理人员应该直接向其所在社区的最高行政管理者报告。而实际上，大部分应急管理处（或者应急管理办公室）下设在另外一个部门。以笔者的经历，应急管理处下设在消防部门。消防部门是地方层面最常见的应急管理部门之一，但应急管理部门可能设在任何部门。在本书撰写所在的佛罗里达州应急管理处隶属于社区事务部。将应急管理处下设在另外部门的设置方式，会导致灾害发生后应急管理人员无法直接调动辖区内的应急响应资源，基于此，笔者提出了提高灾害应急响应效率的元领导力模型。

在美国，消防部门的负责人就是城市的应急管理人员，他们直接向市长汇报工作。笔者作为消防部门任命的社区应急管理人员，直接受消防部门的领导并代表消防部门参加与其他部门的协调会，同时以官方代表身份报告工作。

全美国没有固定的模式，各州情况也不尽相同。例如佛罗里达州的各个县都要求设有应急管理人员，其他城市不强制设置。通常根据城市的规模设置，必要时设置一名应急管理人员。由于很多社区的经费有限，通常应急管理人员不是专职人员。正如笔者一样，在从事本职工作的同时，还要承担社区应急管理的职责。

笔者作为社区的应急管理人员，需要和消防部门的负责人长时间在一起讨论应急管理工作，以便制定一套彼此都满意的应急管理方案。这就意味着不仅要共同讨论应急管理相关的话题，而且要向消防部门的负责人汇报应急管理任务的进展和完成情况，与此同时，笔者还负责协调与其他部门的关系。消防部门的负责人除了灭火和制定预算等工作外，还要处理与联邦政府和行政部门的关系。无论应急管理人员隶属于哪个部门，与该部门的领导建立工作上的信任关系都是至关重要的。应当知道，应急管理人员代表部门领导，这能够帮助应急管理人员建立灾害应急响应所需的各种关系。

虽然成为应急管理人员很重要，但这仅仅只是第一步。危机发生后应急管理人员没有像其他部门的领导那样得到足够的尊重，危机后的几个月甚至几年时间人们才转变观念，逐渐尊重灾害现场的应急管理人员。这种尊重不是出于礼貌，而是源于对处于灾害危险中的应急管理人员职业的认知。只有赢得其他部门的尊重和信任，绩效审查时这些部门及其人员才愿意接受社区应急管理人员的建议。

1.2 如何成为应急管理专家

若想成为社区危机时的领导者，就要成为灾害领域的专家，并能对灾害进行应急响应。即使你已经被任命为社区的应急管理人员，也并不意味着你就是他人眼中的专家。成为应急管理专家需要持续不断的学习和训练，并取得更多的资质证书。参加更多的教育和培训会给人留下专注某项事业的印象。

要想成为应急管理专家，仅仅依靠参加培训、得到教育学分、获得学位是不够的，必须要在取得公认的任职资格证书的基础上有所建树，要在领域内出类拔萃。这不仅需要大量阅读灾害史方面的书籍（详见本书所列举的清单），而且要寻找第一手资料的详细历史记录。因为历史是最好的教科书，通过学习这些历史资料，可以为社区制定更加符合客观实际的灾害应急训练计划和应急方案提供参考，以降低社区发生类似灾害造成的严重后果。

每一名应急管理人员都应当阅读约翰·巴里（John M.Barry）的《大流感》和比尔·米努塔利奥（Bill Minutaglio）的《火焰之城》等优秀书籍。其中，《大流感》细致入微地描述了1918年肆虐全球的流行病对社会的影响和对全球不同城市的破坏程度，同时详细地介绍了一些城市采取的预防措施及其对遏制瘟疫产生的影响，而一些没有采取同样预防措施的城市则遭受了非常严重的后果。这些信息对于预防和应对禽流感和猪流感引起的社会恐慌是非常有价值的。《火焰之城》详细地描述了第二次世界大战刚结束后两艘装载硝酸铵的货船在得克萨斯港爆炸的事件。这种毁灭性的结果类似于恐怖分子使用战术核武器对城市实施袭击的场景。后来，该书被指定为应急管理人员制定突发事件应急计划的指导用书。

要想成为应急管理专家，除了阅读灾害史方面的书籍资料外，还应该学习重大灾害报告，此类报告中总结了大量的经验和教训，很多信息及来源非常详细。通过互联网搜索灾害类型就可以找到大量的网址，从而获得所需要的报告。找到报告、阅读这些报告并将它们打印出来，慢慢就形成了灾害案例库。如果这些案例非常详细，有具体到某时某分的记录，那么这将是制定演练方案和培训计划的优质资源。

教授一门课程或组织指挥一场训练时，可以引用以前发生的灾害案例，这不仅可以进一步证明你的观点，而且还会让持有怀疑态度、认为"这绝不会发生"的那些人哑口无言。因此，当他们质疑某个事件不可能真正发生时，你需要做的就是指出案例的来源，并阐释训练的原因。提及社区曾经发生的灾害，是应急管理人员在会议室里争取经费和应急资源的一种非常有效的策略，因为很少有人会质疑实际发生的事件。总之，了解过去已经发生的灾害，有助于成为灾害应急管理专家。

引用以前的灾害案例时，一定要强调社会系统正变得越来越脆弱，更容易在灾害中遭到破坏。例如电力系统遭到破坏后，其社会效应会被显著放大。北卡罗来纳大学城市研究所进行了一项雨果飓风对城市影响的研究，研究结果表明：城市内80%的企业都遭到了中等程度或严重程度的破坏，主要原因是供电中断，长时间的停电对商业造成了严重的影响。研究还强调了现今社会的脆弱性，同时也指出了目前世界的复杂性和相互依赖性加剧了灾害影响这一客观事实。

大量阅读与灾害相关书籍的同时，还要重点关注社区最常见的或者最容易发生的灾害。例如，佛罗里达州会经常发生飓风灾害，因此笔者成了气象专家。笔者阅读了大量关于飓风及其对社区造成影响的书籍，也自学了国家飓风中心开发的飓风课程以及一些早期开发的软件，能够在线模拟风暴潮并对风暴潮进行预测。笔者是最早研究风暴潮灾害的人，并且一直不断深入了解风暴潮及其历史，以及风暴潮对社区的影响。在安德鲁飓风发生前的几年里，佛罗里达州一直遭受飓风的袭击。如前文所述，由于笔者所在的社区 30 多年来没有发生过风暴潮灾害，因此人们对风暴潮造成的损失及其对城市生命线工程的破坏没有直观的印象。对于所在城市、县郡或州来说，几乎所有类型的可预见的威胁都是如此。应急管理人员应该尽可能多地学习和了解灾害知识。

笔者在实际工作中遇到的问题是，很多人都不太理解笔者的行为和做法，都认为笔者是杞人忧天，这种状态一直持续到风暴潮第一次袭击社区时才有所改变。当风暴潮来临时，笔者立即向上级简要汇报了风暴潮的行动轨迹及其对周围可能造成的影响，也对风暴效应进行了预测，并建议各部门做好应对风暴潮的准备工作，同时预估了风暴潮二次登陆的时间。会议结束后，一位市政工程管理人员走到笔者面前，对笔者说："这就是我一直希望在风暴潮来临之前收到的简报。"其他部门的领导能够根据这份简报制定最佳的应急准备工作方案，并明确各时间节点。

成为应急管理领域公认的专家，并为决策者及时提供信息，就可以在社区灾害应急中发挥重要的作用。如果你每天都在官场钩心斗角，那么你就可能被人视为一个争夺职位的官员。只有成为一名名副其实的顾问和专家，你才能够为你所在的城市指挥灾害应急响应行动。

1.3　如何成为应急管理的培训员

培训员在组织内部树立领导权威至关重要。要针对社区的特定群体，如消防部门、执法部门、市政工程部门等制定培训课程。授课过程中培训员要以应急管理需求为杠杆，建立管理理念和应急经验的双向交流机制。由于灾害应急响应过程需要各领域专家的专业知识，因此我们应该尊重他们，同时要让他们以警察、消防人员和市政工程专家等身份，参与培训课程中某些问题的讨论，并阐述解决问题的方法，因为他们在灾害应急响应中发挥着至关重要的作用。不同灾害需要不同的应急响应技巧和方法，作为应急管理人员，应该与相关领域的专家保持密切联系。

培训员可以为各部门单独制定培训课程，也可以为所有部门制定通用的课程，以积累灾害应急响应经验。多部门在应急救援行动中心（emergency-operations center，EOC）开展演练时可以借鉴这些课程的培训模式，以达到整合各部门人员的应急技能、提高团队作战能力的目的。制定演练计划不是测试各部门的应急技能，而是各部门之间相互学习经验的过程。对于培训员来说，明确这一点非常重要。有着丰富经验的专家不喜欢像学校的孩子那样接受培训员的测试，他们强调的是要把不同领域的专家组织在一起，实践并检验各自的技能。演练结束后，培训员要对演练过程进行一次非正式的激烈讨论，以总结演练过程中的优缺点。值得注意的是，培训员不能当面指出各部门在演练中存在的不足，要私下问他们对演练的看法，并让他们指出自身的问题。各部门对自己的要求更严格，会使得他们拥有更强的洞察力以及用更全面的视角看待问题。

每年的飓风季节政府都要组织飓风应急演练，目的是提高公众的防灾意识，并为飓风灾害应急做准备。笔者通过研究雨果飓风和安德鲁飓风所得到的应急经验，为每个部门起草了应急计划任务及应急工作的时间安排，并在飓风来临前几天就公布了演练实施方案，同时每天实时更新风暴潮逼近海岸线的情况。笔者以飓风灾害应急演练为例，在应急救援行动中心开展了应急响应程序的课程培训。演练前一天笔者给所有参演的部门及人员都分配了角色，并让这些人员使用借来的无线电台汇报飓风真正登陆时的情况，使演练人员有身临其境的感觉。

这次演练非常成功，参演人员普遍反映培训效果很好，一致认为这才是真正的飓风灾害应急行动。在演练后的激烈讨论中，各参演部门及人员都指出了演练过程中存在的诸多不足和问题，并提出了解决问题的办法和改进的建议。

演练后不久，一场热带风暴袭击了佛罗里达州。大家为此做好了充分的准备，虽然这场风暴规模很小，但是每个人都对自己扮演的角色感到更加自信。后来，一名同时参与飓风灾害演练和飓风灾害应急响应的人员对笔者说："培训中设计的演练难度更大，用演练中学到的方法应对这场风暴潮简直就是小菜一碟。"笔者认为这样的赞美之词是对自己从事应急管理工作的认可，正是这次精心策划的演练确立了笔者在社区的权威地位。

1.4 如何成为应急管理工作的推动者

社区各部门都应该根据其职责范围制定部门应急管理计划，然后形成辖区的综合应急管理计划（comprehensive emergency management plan，CEMP）。不能只要求某个部门制定应急管理计划，并且在没有任何指导的情况下就将其作为辖区整体应急管理计划的一部分。辖区的综合应急管理计划需要辖区内各部门负责制定应急管理计划的人员开会讨论、共同完成。这样做的原因有两点：第一，可以解决部门应急计划和辖区整体计划之间的适应性问题；第二，可以更多地了解社区各部门的工作方式，这一点尤为重要。应急管理人员应该掌握社区关键基础设施的运行方式，虽然并不一定要成为各领域的专家，但是一定要把社区各个部门看成是社区这个大系统的组成部分，了解这些部门并协助它们制定预期行动指南（expected action guides，EAG）（见第 3 章）。此外，应急管理人员应该与各部门的中层管理人员建立合作关系，因为这些中层管理人员不仅负责部门的日常工作，而且他们能在灾害发生后将社区的各部门组织起来。

社区应急管理人员这个角色的作用体现在两个方面：一方面是确保社区内各部门都有应急管理计划，并且部门计划在辖区 CEMP 的框架内；另一方面，作为一名公正的顾问，社区应急管理人员要努力去解决各部门的具体问题，从社区的整体利益而非个人利益出发，尽其所能地完成社区灾害的整体应急准备。

社区应急管理人员从事的是一个艰难又具有敏感性的职业。社区的某些部门很独立，非常抵制其他部门。只有将那些被抵制的部门团结起来，才能"打入这些独立部门的内部"。负责城市应急管理工作的领导希望各部门能够协同配合，共同制定应急管理计划。让各部门得知制定社区应急管理计划是领导指示必须要完成的任务，会为社区应急管理人员与其他部门的关系协调提供便利。但是，几乎所有关键的应急响应部门都有其特定的文化背景，与这些部门沟通需要特殊的技能，对于社区应急管理人员来说，要得到每个部门的配合也是一个挑战。如果社区应急管理人员已经和各部门取得联系，并在一定程度上推动了部门应急管理计划的实施进程，那么，他在建立部门工作关系方面已经非常出色了。

1.5　是否要建立应急救援行动中心

组建社区应急管理队伍后，工作重点就应该从培训转向实战。灾害只是把某些应急队伍组织起来的一个托词。重特大灾害事件发生后，设置一个临时的应急救援行动中心有利于对灾害事件进行应急管理，方便协调现场的执法部门、交通管制部门、物资保障部门和事件发生地相关人员。跨部门间的沟通是灾害应急响应的基础。利用每一个机会了解应急管理工作的实施过程，并且在发生灾害前组建社区应急管理队伍，能大大降低灾害对社区造成的不利影响。

1998 年，佛罗里达州突发山林火灾，火灾蔓延到了除笔者所在城市外的佛罗里达州的其他地区，火灾对笔者所在县的影响程度比该市的其他县都轻。因此，根据《佛罗里达州人员和装备互助协议》，其所在县的消防部门为此次山火扑救提供人力和装备保障，并且将其分配至该市其余的五个县。实际上，只有多个地区受到影响才是严格意义上的应急管理问题，在这里举这个例子只是想说明城市层面协调的重要性。

佛罗里达州消防部门的领导授权笔者在一个会议室里组建了临时的应急救援行动中心，以追踪整个佛罗里达州山火扑救的实时情况。之后，应急救援行动中心的人员把电脑和投影仪搬到了会议室，并制定了救援人员实施具体行动及其所在地理位置的作战图，并指派消防部门负责城市层面的协调工作。当市长要了解山火扑救情况的进展时，消防部门的领导就把她带到这个临时的应急救援行动中心，这给她留下了深刻的印象。后来市长批准建立微型应急救援行动中心（mini-EOC），这间会议室就永远保留下来了。

佛罗里达州的经费下拨后，微型应急救援行动中心配置了投影仪、电视、电脑和其他办公设备，这使它更像一间有线教室或会议室，其他部门也将其作为多媒体会议室使用。自此，这个新的微型应急救援行动中心就成了很多部门进行课程培训和业务学习、社区遭受飓风袭击时各部门救灾情况汇报的重要场所。正是这个微型应急救援行动中心促使城市在综合通信指挥中心建立了一个更大的、更复杂的、永久的应急救援行动中心。

当社区应急管理人员建立了应急救援行动中心时，他不仅在社区树立了权威地位，而且能够为社区重大灾害的救援工作提供指导。课程培训和业务学习使应急救援行动中心广为人知。2001 年美国发生"9·11"恐怖袭击事件时，所有应急部门的人员都集中在这个应急救援行动中心内，收看地方媒体和国家媒体的报道。后来，笔者不得不让这些部门的人员离开，去准备向市长汇报事件救援进展的资料。实际上，应急救援行动中心已经成为了城市应急救援信息的中心。所有辖区都可以建立应急救援行动中心。

1.6 最终目标

本章一开始就解释了在社区树立元领导力的权威地位对于应急管理人员的重要性。元领导力模型包括态势感知能力，这也是领导力模型的主要优点之一。应急管理人员应该对社区灾害的态势有个整体的感知。在获得灾害应急所需的大量信息后，就要建立一个态势感知系统，把这些正确的信息在适当的时间反馈给恰当的人，从而形成易于理解的灾害态势感知图。灾害发生时，必须要保证社区的基础设施能够正常运转，同时这种系统不像开关灯那样便于操作，所以作为社区的元领导者，应该把应急管理当成社区日常工作的一部分，而不应该只在灾害发生时才重视。

社区发生灾害时，若要让应急管理真正地发挥作用，就要在日常工作中履行应急管理职能，以体现应急管理工作的可见性及其价值。应急管理人员应该在日常工作中就开始发挥作用，而不能默默制定计划、进行培训，指望着灾害发生时能立马派上用场。地方执法机构、消防部门、信息部门、交通管制部门和公共安全部门等在灾害应急管理工作中发挥着其应有的特殊作用。毫无疑问，这些部门的职责、设置依据和经费已被普通民众认可。目前唯一争论的焦点是资助经费的多少问题。但是应急管理部门并非如此，甚至在 2001 年美国 "9·11" 恐怖袭击事件和卡特里娜飓风灾害后的今天，大多数应急管理办公室仍然存在人员配备不足和经费短缺等问题。

社区需要地理信息系统（geographic information system，GIS）、全球定位系统（global positioning system，GPS）、数字雷达等先进科技来开展应急管理工作，这些技术能实时监测每辆执法巡逻车和消防车的行驶情况及所在位置，并辅助社区日常救援工作的实时决策。在恐怖主义和国家安全威胁日益严峻的时代，本书把执法部门、消防部门、交通管制部门和公共安全部门等集中的办公场所，即相当于县市一级的应急救援行动中心称为预警哨所。

应急管理部门主要负责灾害现场所需信息的处理和传达工作。灾害发生后，应急管理人员要确保预警哨所采用的这些技术能正常运行，并应用于灾害应急响应过程中。将下面两个例子结合起来能更好地理解救援中心或预警哨所的概念。

第一个例子是佛罗里达州建立了一个州级的预警哨所，作为州内发生所有重大事故的信息交流中心和态势感知中心。针对各类事故，佛罗里达州也制定了一系列事故上报的最低标准，只有超过规定的最低标准，才能对最严重的事故进行上报，目的是对佛罗里达州各县、各地区及整个州的重大突发事件有整体上的掌握。表 1.1 是上报给佛罗里达州预警哨所的事故类型。

表 1.1 上报给佛罗里达州预警哨所的事故类型

飞机事故	核电站事件或核电站演习
动物疾病	生物威胁
爆炸威胁	石油泄漏事故
饮用水设施事故	辐射事故
能源危机	铁路事故
环境犯罪事故	搜索与救援
灌丛火灾或森林火灾	其他的国家安全威胁事件
重大火灾导致的建筑事故	恶劣天气
一般事故	污水池事故
危险品事故	交通事故
废水污染事故	出入境事件

佛罗里达州设置预警哨所，不仅是对该州发生重大事故的预警，而且是对各县及其社区保持通信实时畅通的测试。佛罗里达州的预警哨所实行每周 7 天工作日，每天 24 小时均有人员值班。根据每日报告的事故类型及进展情况，汇总整个佛罗里达州的事故，并对事故的发展趋势进行预测。

第二个例子是佛罗里达州的市或县级的预警哨所。如果佛罗里达州的市或县没有额外的设备或技术，可以将各市或各县的应急管理办公室作为辖区的预警哨所，然后再建立一系列每日各部门优先上报事故的规定，这样就可以在完成城市重大事故的日报告后分发给所有部门了。这项工作可以指派给应急管理处（Office of Emergency Management，OEM）的核心联络员（见第 10 章）完成，也可以让有人脉的人员通过非正式途径完成。这份简单的报告可以看成是辖区日常应急管理工作的一部分，最终目标是为社区谋利益。这是一项值得应急管理人员为之长期付出时间和努力的重大工程。

20 世纪 90 年代末，当被派往得克萨斯州休斯敦进行项目研究时，笔者看到了应急管理工作的未来。美国休斯敦交通与紧急事件管理中心由哈里斯县的得克萨斯州交通局、哈里斯县都市交通运输管理局、休斯敦市和哈里斯县四个政府机构组成，为休斯敦地区提供交通信息查询及应急管理服务，其主要工作目标是交通管理和应急管理。

美国休斯敦交通与紧急事件管理中心充分利用多种交通高科技来管理

和监控哈里斯县的交通状况，50英里（1英里＝1609米）内的海岸线都有传感器和摄像头。应急管理处的救援行动中心有洪水自动预警系统、多普勒雷达成像、卫星气象图、道路洪水预警系统和区域事故管理系统等，可以俯瞰位于其下方的交通与紧急事件管理中心控制室。走进美国休斯敦交通与紧急事件管理中心的控制室就像进入了五角大楼的作战室。该控制室是一个开放式的建筑布局，有两层楼高，大约有50张独立的办公桌，每张办公桌前都坐着一名操作人员。控制室的前方有一个从天花板到地板的显示屏，可以看到整个休斯敦地区的实时交通状况（图1.1）。如果摄像头或者其他技术监测到某地发生了事故，在向当地政府部门上报前，摄像头会监测事故地点及其周围的交通状况。

图1.1　当地不同部门的众多代表在美国休斯敦交通与紧急事件管理中心控制室

不同交通部门的代表（图1.2～图1.4），包括与交通事故无关的公路

图1.2　执法人员与交通部门的人员在协调

管理员、处理交通事故的警察人员、消防部门人员、紧急医疗救护人员、负责最新实时路况播报的地方广播电台人员等几乎同时意识到发生了交通事故，他们在交通与紧急事件管理中心控制室内各司其职，感知事故态势，共同商讨应对措施。根据年度报告统计，2009 年休斯敦交通与紧急事件管理中心共处理了 14527 起事故和 13.8 万条交通警示及黄白蓝变道警告信息。

图 1.3　应急管理人员与其他部门的人员在协调

图 1.4　交通部门的人员在密切注视着交通流量

据估计，休斯敦交通与紧急事件管理中心每年运营成本约 2770 万美元，但是其更好、更快、更高效的交通和事故管理可以节省 2.74 亿美元，即每年的效益成本比为 9.9∶1。经过多年的努力和团队合作，休斯敦交通与紧急事件管理中心才得以建成，这是第一代社区救援行动中心。它使应急管理人员能够更有效地进行社区日常管理，也更有效地处理发生的任何灾难。

1.7 结论

本章旨在为刚从事应急管理的人员或有丰富经验的专业应急管理人员描绘一个成为社区元领导者和危机管理人员的蓝图。应急管理的起源可追溯到 20 世纪 70 年代联邦紧急事务管理局（Federal Emergency Management Agency，FEMA）的建立，但是应急管理行业仍处于起步阶段。进入应急管理行业有很多种途径，但是至今没有人能够指明一条清晰的职业道路，不同人对这个行业的职责也有不同的理解。

笔者的职业生涯是哈佛大学研究明确定义的"元领导力"的一个真实例子。虽然"元领导力"这个概念是在单纯的大学校园环境里被首次提出来的，但是研究中总结的元领导者所需的技能是每一名应急管理人员应该拥有的过硬本领，包括如下五个方面：

① 要成为应急管理专家，不仅要有资质证书、学历教育和业务培训经历，而且还要全方位、多领域学习与灾害相关的知识。

② 要有持续地感知社区可能遭受威胁和灾害的态势。

③ 要从可信赖的顾问成长为社区的危机领导者。

④ 要成为跨领域的专家、可信赖的顾问和其他部门的推动者。

⑤ 培养下属也成为元领导者，以提高应急管理团队在灾害应急响应中的领导力。

笔者的经历并不是成为应急管理人员的唯一途径，但是可以为他人提供可借鉴的经验。刚从事应急管理工作时，笔者没有背景，也没有工作经验，只是对这项工作感兴趣。被任命为应急管理人员并不意味着有了权威，赢得了尊重。举元领导者这个例子是为了说明，社区真正的危机管理人员要具备灾害应急技能，要能协调灾害应急所需的各种关系，尽最大所能保护处于危险中的人员生命和财产安全。

第 2 章
危机决策

只要有例行公事、日程安排和文书工作的存在，就有官僚主义。没有官僚主义的现代世界是不存在的。唯一的问题是，当灾害来临，需要创新并以不同的方式应对时，如果他们不能灵活应对、不能有效整合资源，从某种意义上来说，应急管理机构就不能有效运行。

——芝加哥大学 Enrico Quarantelli 博士
引自 Rebecca Solnit 的《从地狱中构建出天堂》

　　灾害是不同的。不同的灾害需要不一样的决策过程才能成功应对。这个决策过程在很多方面完全颠覆了人们通常做出决策的方式。对于一个在正常的分析决策环境中工作的人来说，这个过程并不易掌握。事实上，除非进行危机决策教育，否则人们将无法改变他们长期以来认为成功的决策方式，并应对自如。然而，人们在动态、不确定和充满压力的环境中做出决策的能力是可以学习培养的。危机决策培训必须成为灾害响应团队准备工作中不可或缺的一部分，否则会严重影响团队的执行能力。作为一个应急管理负责人，你必须相信只有经过培训的人才能够在应对灾害时的混乱场面中发挥作用。不能假设每个人都能适应灾害中所面临的挑战。

僵化的官僚制度

　　在对一场最终规模很小的热带风暴做出响应的过程中，我们第一次开放了应急行动中心。

　　我们刚刚在 EOC 进行了一次全面演习，所有的紧急支援人员都在风暴前几周就已经就位。在演习前，我们给所有参与者上了关于 EOC 操作的课程，并在演习期间指导他们完成整个过程。因此应急管理人员（我们中的两个人）认为我们的团队做好了充足的准备。

　　当风暴来临时，我们启动了 EOC，并召集所有被分配到应急保障部门（ESF）的人员到各自的工作岗位上。考虑到这场风暴仅仅发生在训练后的几个星期，我们相信团队成员能很快地融入自己的角色。

　　考虑到预测的风速问题，该县开放了当地的一些避难所给有特殊需要的人和那些住流动房屋的人。我们的公共信息热线接到了一个电话，是城里一位拖车停车场的人打来的，他想知道避难所是否开放，是否有前往这些避难所的交通工具。

考虑到需要避难的人数不多，该县为避难者提供了公共交通服务。由于我们是一个自治区，避难所管理是该县的责任，笔者把这个消息告诉了 ESF ♯6 的负责人，即群体关怀人员，并请他联系县里相关的 EOC 人员，他需要打电话让当地县里知道有人需要帮助找到避难所，以及那个人的位置。

笔者继续处理其他问题，大约半小时后回到了 ESF ♯6，看看事情进展如何，并问负责人发生了什么。但是他什么也没做，他没有给县里打电话，尽管电话号码就贴在他面前不到 1 英尺（1 英尺＝0.3048 米）的墙上，他也没有联系到打电话来的人。如此简单的一个请求他却无法付诸实施。

这是该市一位受人尊敬的中层管理人员，负责大量的人事和预算问题。然而打电话这件小事却难住了他。因为他从来没有在未经过他的上司同意的情况下给其他辖区打过电话，特别是县里，也没有重要理由说明为什么需要联系县里。因此，当他处于必须这样做的时候，他就僵住了，无法做出如此重大的决定。笔者拿起电话，通过两次简短的通话就解决了这个事情并且安排相关人员去接打电话的人

在全新的决策环境下，人们很难有出色的表现。他们必须置身于一个结构化的环境中，该环境要有定义明确的角色、辅助工具和目标方向，如果不是这样的环境，处在更糟糕的情况下，他们就会陷入僵化的官僚体制中。

2.1 如何做决定

常规的决策被定义为是一种"理性选择策略"（Janis 和 Mann，1977年）。决策者通过一系列方法来检查问题，每种方法都可能是正确的决策。权衡每种方法的风险和回报的同时还要考虑其他可能被忽略的方法。最后对最佳方案进行比较和讨论，做出最后的决定并付诸实施，这是一个理性

的、合理的选择。

这种类型决策的优势是显而易见的，是可靠的和可重复使用的。它可以对问题的所有方面进行检查和比较。它做出的决策总体上是正确的。这个决策过程可以在事后检查分析薄弱环节以及是否还有遗漏的备选方案。这个过程使用的信息通常是由组织上提供的。最终，这个系统可应用于现有的组织结构和官僚机构。

科学家发现，在增加了时间限制的研究中，个人无法使用评估标准来分析评估问题的所有可能解决方案。根本没有足够的时间来完成通常做出决定所必需的流程。他们做出正确决定的能力明显下降。正如 Quarantelli 教授在本章的序言中所说，这是我们社会建立的基础。然而，它在灾害中却不起作用。

一场灾害就像是一场发生在对决策者提出要求的战斗。它具有战场环境的所有特点——信息不足、时间有限、条件的变化和高风险。它甚至产生了最困难的问题，我们称为"战争迷雾"。战争迷雾是军事理论家 Carl von Clausewitz 创造的一个短语，意思很简单，就是意味着决策者对眼前发生的事情缺乏清晰的认识。不止一位将军因为这种"迷雾"掩盖了一场关键战役的真实情况而输掉了一场战争。如果你想了解灾害中"战争迷雾"的例子，可以阅读一些有关卡特里娜飓风和那次灾害中行动的书籍或研究报告。

只有学会处理这种不确定的情况，决策者才能在战争或灾害中成为一个好的领导者。军队了解这种环境所面临的挑战，并试图训练其指挥官如何在混乱的战斗中做出决策。在 20 世纪 80 年代，军队分析人员花费了十年时间和数百万美元研究如何制定决策，然后根据这项研究开发了训练和决策辅助工具，试图为指挥官做好准备。尽管做出了这些努力，但结果并不令人满意，研究人员发现指挥官的决策没有什么改善，于是他们需要寻找新的办法。因此，军方委托其他人开展关于有限时间下如何制定决策的研究。

研究心理学家 Gary Klein 博士进行了这项研究。Klein 博士选择了消防部门作为在严格的时间限制下做出关键决策的最佳案例，研究当生命和财产遭遇危险都悬而未决时，消防员如何在严格的时间限制下做出重要决策。研究人员采访了一些经验丰富的消防员，要求他们确定一个事件中特殊的"挑战"或"非常规的方面"。比如他们根据建筑物的风险（经济上考虑的）、人员的风险或消防员生命的风险来对事故进行评级。每个事故中至少有某一类别是属于高风险的。

2.2　克莱因的发现

加里·克莱因（Gary Klein）博士的这项研究产生了一些意想不到的结果。"在几乎没有研究过的案例中，火场指挥员直接报告说做出了决定……而不是给出几个可能的选项。"[1] 他们不是通过审查局势后提出一组备选方案，而是以一种非常不同的思维方式开展工作。

指挥员根据事件的态势感知或心理模式开展工作。态势感知或心理模式是指挥员以前看到的所有相似类型火灾的积累。一旦他识别出事件的类型，他就会实施该类型所需的战术。然而这并不是一个简单的等式，即如果 X 发生，那么就采取 Y 措施；这是一个变化更快的过程。

火场指挥员认为他们可以通过每场火灾的特点来判断现在的这场大火是否与他们职业生涯早期遇到的其他火灾类似。他们通过识别每场火灾所产生的线索来做到这一点。任何东西都可以成为线索，包括建筑结构以及烟雾的颜色或数量。一旦确认，指挥员会与以前的火灾进行比较，如果情况的相似度比较高，他们就会采取过去被证明是成功的行动。然而，一旦他们确定了行动方案，指挥员并不会认为他们做出了正确的决定。他们会继续监测火情和行动，以获得反馈，证明他们的决定是正确的。如果他们没有发现火场中的这些变化，那么他们就会立即开始重新考虑之前的决定，并寻找可能遗漏的信息或最初不明显的情况。先做出初步决策，然后监测确认行动是否适当，重复这个过程可以创造一个成功和灵活的决策过程，以应对动态和混乱环境中的挑战。

Gary Klein 还发现，这些指挥员通过与其他消防指挥员分享案例而不断学习。这种"会说话的火"是消防部门工作中的传统。每场火灾都是不同的。无论多么普通的火灾，即使只是一个微小的细节，你都可以从中学到东西。而这个细节有朝一日可能成为另一场火灾中生死攸关的细节。Gary Klein 博士将其描述为"经验计数"，但经验可以通过多种不同的方式获得——讨论火灾到研究全国其他重大火灾的经验教训报告。

作为一名在消防部门工作了 26 年的消防员，切身体会到不断学习的必要性。每当自己开始感到过度自信，仿佛已经掌握了一切，准备好应对任何事情的时候，总是有一些超出自己经验范围的东西，让人在处理事件之前退后一步，先冷静地思考。如果一个人要成为一个好的危机决策者，就必须不断努力，并愿意通过所有资源去学习。克莱因的模式被军方采用，他为军事指挥官带来了全新一代的培训技术和工具。

克莱因博士将他的研究扩展到了许多不同的领域，他发现从飞行员到护士和医生等不同行业的决策者都具有这些共同特征。这种类型的决策在许多截然不同的职业中都很常见，这也强化了它作为一种工具的价值，可以被广泛应用。

笔者在危机决策方面的一次经历是一个很好的例子，就是必须首先理解决策的概念。它发生在40多年前，当时是1979年3月，笔者还是一名年轻且缺乏经验的医护人员。

公寓火灾

大约在凌晨3点，我们接到了一个公寓发生火灾的电话。我们乘坐抢险救援车前往该建筑，带着全套发动机、塔台和一名营长。我是我们部门第一批到达的救护人员之一。我们既是消防员，又是护理人员，所以我们在建筑火灾中的工作是搜索和救援。

抵达后，我们发现一栋两层楼的砖房，周围什么都没有看到，也没有人来接我们。当我穿戴上消防装备时，消防队和塔台工作人员开始搜寻起火的位置。除了一股微弱的烟味外，什么也没发现，但没有人能够确定烟味的来源。当我接近大楼时，一个消防队的中尉表示，他认为他已经找到了那间发生火灾的公寓。公寓的窗户上弥漫着残留的烟雾。

我们去敲门没有人应答，于是我和他戴上面罩，从窗户爬了进去。我一进入公寓，就看到左边有一个女人躺在地上。我大喊一声这里有一个受害者，然后抓住她。消防队强行打开前门，我和另一名消防员一起把这名女子抬到外面，开始进行心肺复苏。公寓里几乎没有烟，所以发现一个没有呼吸、没有心跳的女人是完全出乎意料的。当我们对这个女人进行救助时，其他队员发现了另外的受害者。有两个孩子都处于心脏骤停状态。我的搭档带着先进的高级生命支持设备和药物回来对那个女人进行治疗。我把那名妇女交给他，然后去抢救孩子们。当我站起来的时候，班长走到我面前，问道："我们应该怎么做，罗杰？"

通常情况下，人们希望所有类似事件中的被救助者身边至少有一名医护人员，而当时我们有三个需要被救助的人，可现场只有两名医护人员。我毫不犹豫地说："主任，我们要把母亲送到 X 医院，把孩子送到 Y 医院。马上通知 Y 医院派救护车来接我们。"

救护车赶到现场，车上的一名医护人员跑去帮助我的搭档救助那位母亲。当我转过身时，有人递给我第三个刚刚被发现的婴儿，我立即开始做心肺复苏。我们三个人上了救护车，被送到 Y 医院，那里由三名儿科专家组成的小组在等着我们。最后的结果是四名受害者无一幸存。这位母亲当时正在熨衣服，把熨斗放在一个有塑料盖的熨衣板上。熨衣板上的塑料着火了，发生了一场小火灾，只涉及熨衣板上的塑料，但是塑料燃烧时会产生剧毒的烟雾。所有受害者都死于吸入有毒浓烟。

负责人问笔者应该怎样处理受害人，通常情况下他会向队长或中尉征求意见。当时笔者只在这个部门工作了三四年，虽然还是个新手，但是却是现场人中接受医疗培训最多的人。

当笔者告诉负责人我们应该怎么做时，根本不知道这个决定是从哪里来的，也不知道自己是如何做出这个决定的。火灾发生后，笔者反复思考这个决定，试图确定它是否是正确的。笔者越仔细剖析这个决定，就越确信自己做了正确的决定。然而，笔者不知道自己是如何做出这个决定的，因此不确定自己是否可以信任它。当笔者反复检查时，发现这个决定有几个方面是正确的。

笔者认识到的第一件事是，我们根本没有足够的人员或设备来为所有患者提供所需的医护服务。如果要提供这种护理，需要额外的医护人员和医疗设备。当时城里有四辆载有救援人员的救援车，一辆在城西，一辆在城中心（笔者的车），一辆在城东，最后一辆在城北。每辆救护车离我们的位置大约有七到十分钟的路程。当时有两辆私人救护车在离我们位置十分钟的范围内执勤，其中一辆已经派出去了。第二辆到达现场至少需要十分钟。

再三考虑，Y 医院是该地区的新生儿中心，而且我们从这过去只有 5 分钟的路程。Y 医院的医护人员能给三个孩子最及时的抢救。如果要让母亲有最大的生存机会，就需要把她送到另一家医院，因为三个儿科病人需要用到医院大量的资源。X 医院在另一个方向，大约 5 分钟路程，它是一家规模小得多的医院，但是足够救助这位母亲了。

因此，无论笔者如何思考这个问题，在当时的情况下，已经最好地利用了资源和附近的设施。把孩子们送到 Y 医院，能够让有经验的医生和护士赶到急诊室来对他们进行治疗。当时已是凌晨 3 点。三个心脏骤停的孩子对于任何医院来说都是一个额外的压力，但 Y 医院是最有条件给孩子们提供最好护理的医院。X 医院可以治疗那位母亲，而且他们的距离几乎完全相同。因此，在这种情况下，所有病人都能得到最好的治疗。

笔者没有意识到自己是如何处理所有这些不利的因素，然后告诉指挥员什么是最好的解决方案。在不了解整个过程的情况下，不确定自己是如何做出这个决定的。难道只是侥幸地做出了正确的决定？这个决定是从哪里来的？多年来笔者一直在寻找这个问题的答案。

直到读了加里·克莱因（Gary Klein）关于消防员事故指挥官的开创性研究，笔者才明白，自己并不是唯一一个做决定或者对决策过程感到困惑的人。这可以追溯到过去认识这种类似问题的能力，"一种情况，甚至是一种非常规的情况，只要有原型的示例，人们就能立即知道常见的行动过程。"[2]

上述笔者的例子其实是日常工作中需要处理的事情的一个延伸。救援 1 号所处的位置使得笔者可以在其他三名救援人员忙于呼叫并需要救援时立即顶替上去。在所有行动中，笔者都会不断地监测其他救援行动的状态，以便在下一次呼叫之前提前做好准备。因此，笔者知道其他救援人员在哪里，以及他们需要多长时间才能对我们的位置做出响应。

此外，作为医护人员，我们必须遵循一套严格的指导方针，确定病人的运送地点。要么是最近的或者是有"最合适"设备的医院，要么在特殊情况下，需要绕过最近的医院，将需要特定护理类型的病人送到专门从事这些类型护理的地方——例如烧伤中心。在这种情况下，最近的医院是专门从事新生儿护理的医院，拥有最适合为这三个孩子医治的护士和医生。

因此，笔者每天做出的决定是我在救护车上所做决定的一个更复杂和充满感情的延伸。克莱因指出，像这样的决定有许多影响因素，但强调了两个因素：模式识别和心理模拟。我每天都用同样的方式为合适的病人找到合适的医院，这个决策是基于我在这个城市的不同地方治疗数百名不同病人的经验而做出的。

笔者在心里模拟出其他救援人员行动的响应时间，因为当其他救援人员忙碌时，笔者必须为他们提供帮助。笔者把一个公认的模式与响应时间的模拟结合起来，并提出了唯一可行的解决方案，因此，笔者的决定是建立在这样一种意识之上的，这种意识已经成为生活中的一部分：利用自己的岗位监测可用的资源，并根据患者的类型和严重程度选择合适的设施。笔者没有意识到这个决定是什么，也没有认识到为什么自己做出了正确的决定。现在笔者开始有意识地利用这些知识来为自己做出其他困难的决定做准备。

每一个决策的确定其实都是积累经验的过程，未来可以从中获取信息，并从不同的角度看待这些经验。人们会更仔细地审视每一件事，看看自己做了什么正确和不正确的决策。笔者还发现，如果自己能尽可能多地阅读其他案例，从中吸取经验教训，那么以后发生类似情况时就可以直接使用这些知识。经验很重要，但是灾害不会像紧急医疗服务电话或火灾那样频繁发生。那么如何建立一个数据库呢？

虽然人们不能期望在生活中亲身经历一些灾害，但可以通过研究其他灾害和从中吸取的教训来构建数据库和解决方案。所有形式的练习，从桌面推演到全方位的实际演练，都会增加自己的知识。即使有时可能无法找到符合预期的相关经验，也要有意识地去尝试补充知识储备，这点尤为重要，这是必须教给那些不是应急救援人员的关键点之一。

这些专业人员通过多年的经验积累了专业知识。这种专业知识在紧急的情况下能发挥重要的作用。笔者关于如何救护孩子和母亲的决策是基于日常的非紧急情况下的积累所做的决定。然而，这些看似普通的经验能帮助人们在部门工作最困难的情况下做出决策。这同样适用于那些将在EOC工作的人，因为EOC团队需要应用这些专业知识。

虽然应急管理人员不会立马做出决定，但他们面临的决定与处理城市火灾的消防员或战斗中的士兵面临的决策非常相似。都是无法获得所有信息来做出完全明智的决策；相反，必须认识到一个问题与另一场灾害中的教训有相似性，并利用这些知识提出自己的解决方案。如果想建立一个能让自己在灾害中成为领导者的知识库，那么研究、实践和学习都必须成为日常的生活习惯。了解为什么这些知识很重要以及如何利用这些知识来做出决策，对于培养决策能力至关重要。

2.3 博伊德循环

一旦在灾害中做出了决策，决策者就不能理所当然地认为这个决策是正确的。他必须继续监测这一事件，以获取反馈信息，证明他所做的决定是正确的。这种决策制定和监测反馈的循环模式是由空军飞行员约翰·博伊德（John Boyd）上校首先提出的。如图 2.1 所示。

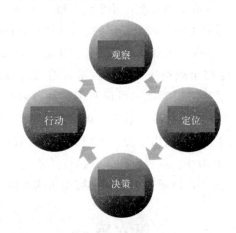

图 2.1 观察、定位、决策、行动并重复这个过程，直到情况得到控制

博伊德第一次开始研究决策时是一名战斗机飞行员。他的动机是为了提高美国战斗机飞行员对抗朝鲜飞行员的能力。他的发现不仅改变了战斗机飞行员的训练方式，而且引起了整个军队的深刻变化，创造了一种新的作战理论。

作为一名战斗机飞行员，他通过观察其他飞行员和他们的飞机，开始了对决策的研究。博伊德对朝鲜和美国飞行员之间空战的观察促成了一项发现，这项发现最终改变了军队训练和作战的方式。

他发现美国飞行员比朝鲜飞行员有更大的空域能见度。美国飞机的设计和驾驶舱盖给了飞行员更广阔的视野。当朝鲜飞行员操纵飞机时，美国人能够很快观察到他们的行动，并能更快地做出反应。当朝鲜人试图反击美国人时，美国人又掌握了主动权，因为他们可以更早地观察到敌方飞行员的反应。这种机动/反机动导致了一个不断收紧的战术圈，直到美国战机击落朝鲜战机。美国与朝鲜的胜利比例接近十比一。博伊德上校将这种决策过程称为博伊德循环或 OODA 循环。

一旦博伊德上校了解了正在发生的情况后，他会把它分解成几个简单的组成部分。这个循环包括观察、定位、决策和行动（OODA）。他发现，美国飞行员会观察敌方飞行员在早前的空战中的所作所为，从而确定他们的机动方向，并根据该信息采取最佳行动。但是飞行员并不是简单地做出一个决策就能赢得战斗。他们必须持续观察敌人对他们行动的反应，并重新开始这个过程，直到赢得战斗。

几秒钟内发生的事情错综复杂，几乎让人难以理解。而博伊德把它分解成 OODA，从而形成了一个简单易记的、有用的缩写词。

人们认为观察—反应—再观察的循环比空中混战含义更广泛。部队的将军意识到它可以应用于战场决策。一旦军方明白所有的决策都是基于OODA 循环，他们就能意识到他们可以利用这种理解来开展训练、准备装备和建立战略。军方的目的是能够迅速观察敌人指挥官的行动，在敌人执行他们的决策之前迅速地做出反应。他们试图进入敌人指挥官的"决策周期"，一旦进入这个循环，就可以在对方执行任务之前扰乱他们的行动。打破敌人的 OODA 循环，即通过中断其决策周期从而赢得战斗。

第六感

在一个居民区的单层房内发生了一场普通的房屋火灾。着火点所在区域看起来像是在厨房。中尉带领消防员从建筑物的后面进入，打开水枪喷水灭火，然而火势并未减弱，反而更加猛烈。

"奇怪"他想。水应该有更明显的效果才对。他们再次尝试喷水，得到了同样的结果。他们后撤了几步，重新组织进攻。中尉开始感觉到似乎有什么不对劲。他没有任何线索；他只是觉得那所房子有些反常，所以他命令他的手下离开这栋建筑——一栋普普通通的建筑，没有任何异常之处。他的手下刚一离开大楼，他们所站的地板就坍塌了。如果他们还在里面就会跌入下面的大火之中。

灾害不是假想敌。相反，它们是来自自然界的力量或者是人为进行破坏的事件。虽然它们是不会思考的敌人，但它们确实引发了值得思考的复杂问题。信息、基础设施、反应能力和其他影响行动能力的因素都会对灾害产生影响，所以人们需要在监控事态的情况下做出决定。克莱因用消防指挥官的经验来解释这样的事件，也说明了 OODA 循环在事件中的应用。

中尉在潜意识里使用了博伊德循环这一模式。他观察了居民区的火灾，认识到这与他们过去发现的许多火灾相似，他相信自己能够完成任务。然后根据自己的日常训练和经验决定了行动方案。但这位中尉并没有止步于此。他继续观察火情，希望能得到反馈信息，让他知道自己的决定是正确的。然而，他没有收到任何证明他的决定是正确的反馈信息。

首先，他注意到在消防队每分钟使用 150 加仑（1 加仑＝3.78 升）水灭火的情况下，这场火灾并没有像一般的火势那样有减弱趋势。接下来，他注意到火是"安静的"。发生火灾的场所应该是很嘈杂的，玻璃的破碎和家具的掉落会加剧燃烧。

因此，当中尉没有发现这些应有的现象时，他知道他必须重新调整自己的决策。他把他的队员从建筑物中撤出，重新进入博伊德循环模式，直到他正确地认识现场的情况。当他们刚撤出建筑物时，地板坍塌了；如果他们没有撤退，他们都会被烧死。着火点在地下室里。消防员一直在对从地下室冒出来的火焰的顶部喷水，而不是向着火点的位置喷水。喷射的水对火几乎没有影响，除非对准着火点喷射水。他命令队员找到地下室的入口，他们从楼梯进攻，扑灭了火灾。

在一个动态的、不断变化的环境中，如果不清楚所有相关事实，所做的决策必须受到密切监控以获取反馈，以确保决策者做出了正确的决定，就像战斗机飞行员不能假设他对敌人的第一决策是唯一赢得战斗的决策。一个应急响应者或应急管理者不能假设第一个决策是正确的。他必须继续监控决策的结果和整个局势，以确定该决策是否正确。

信息帮助做出决策
决策产生了需要的更多信息

2.4　三问系统

怎样让那些掌控 EOC 的人为这种新型决策做好准备？如何了解在这个新环境中需要什么？人们通常需要多年的经验才能改变原来的决策方式从而应对这种挑战。必须有一个简单易记的系统，使他们的精力集中在正确的问题上。

三问系统就是这样一个简单但容易记住的模式，可以用来教人们如何应对这个巨大的挑战。然后在行动中，它可以为决策提供一个框架。它只包含三个问题。

> 你有什么？
>
> 你需要做什么？
>
> 做这件事你需要什么？

你有什么？这看起来是一个简单的问题，但如果使用得当，它可以促使一个人精准地发现他面临的问题是什么。具体的问题是什么？必须将问题提炼成一个能够付诸实施的项目，以便利用适当资源加以解决，并与其他问题和挑战进行优先排序。这个人应该能够用几句话来回答这个问题。根据每个 ESF 的下列标准，优先考虑的问题不能超过三个：

第一个优先事项是生命安全和对相关行动的支持。

第二个优先事项是重要的基础设施修复，例如修复和恢复电力与供水，或清理主干道。

第三个优先事项是财产损失对灾区的经济影响。

使用这三个标准可以将重点放在最重要的问题上。收到大量信息是灾害期间影响 EOC 高效运行的最大障碍。如果没有一个系统能够对信息进行分类和优先排序，那么来自多种渠道的信息会让人根本无法做出好的决定。随着时间的推移和事件的处理，这些优先事项可能会发生变化，但在最初的几个小时甚至几天内，这些优先事项可以帮助团队在数百个问题之中能够专注于最关键的问题。

你需要做什么？尽可能具体地描述为解决这个问题需要采取的行动。就像不能只说"需要清理街道"这样模糊不清的话，而是要清楚具体表达，比如：需要清理从康威路到麦考伊路的塞莫兰街上掉落的电线和其他杂物。它阻挡了通道并延缓了应急部门对建筑物倒塌的反应速度。通过具体说明，应急管理小组将能够对请求进行优先排序，以便首先处理最重要的请求。在这种情况下，虽然没有直接处理建筑物倒塌，但肯定会对人员的救助行动产生影响，因此十分重要。

做这件事你需要什么？同样，ESF 对设备和人力的要求会很具体。工作人员不能只说他们需要设备来清除塞莫兰街道。他们必须与外勤业务部门合作，并找出具体需要什么。例如，需要两名电力工作人员来处理掉落的电线，以及三台前端装载机。当请求足够具体时，电力公司的负责人可以确定他们是否有所需的工作人员，或者是否必须请求外部帮助。公共工程部的负责人也可以告知他们是否有所需的设备，或者是否需要请求外部设备增援。

一旦所有人都弄清楚了这三个问题，那么就可以对需求进行优先排序，可以对所需的人力和设备立即进行调配，也可以通过互助协议或向当地政府申请。然后可以跟踪这些特定的事件，直到它们的需求被满足，并且圆满结束。

该系统的最后一部分是，即使每个事件得到了所需资源，也必须重复这些问题。可以要求他们重复问题，让他们进入 OODA 循环。响应人员必须持续监控事故情况，以确保拥有完成任务所需要的东西。过程中出现的新问题或最初没有认识到的问题可能会出现，所以可能需要额外的资源。因此，这个过程迫使决策者一遍又一遍地进行观察、定位、决策、行动，以确保他们了解该领域面临的问题。

行动中的三个问题

你有什么？设备、工作人员和物资不能快速到达坍塌现场，延缓了救援工作。

你需要做什么？我们需要清理从康威路到麦考伊路的塞莫兰街上掉落的电线和其他杂物。

做这件事你需要什么？我们需要两名电力工作人员、三台前端装载机和两辆自卸卡车才能从塞莫兰街北端开始工作。

重复：负责这些行动的 ESF 必须定期与现场人员保持联系，以确保问题得到解决。

例如，如果道路清理速度不够快的话。在下一次简报会上，应该报告这件事。

你有什么？塞莫兰街的清理工作做得不够快。事故指挥官（IC）在现场说，设备和物资的到达速度仍然较慢

你需要做什么？我们需要更快地清理塞莫兰街。坍塌现场的工作仍在缓慢进行。

做这件事你需要什么？我和 ESF ♯3 进行了交谈，我们还需要 3 台前端装载机来清除碎片。如果用自卸车运走，会花费很多时间。我们稍后会清除它。

重复：ESF 已经和现场指挥官再次确认过了。

你有什么？指挥官报告说塞莫兰街已经被清理干净，物资和设备到达的速度快了很多。他现在要求向他的位置派驻一个 USAR 小组。看来，这将是一个比原先想象的要持续得久的行动。

你需要做什么？请求一个 USAR 小组到塌方现场。

做这件事你需要什么？我需要 ESF ♯9 向州政府申请一个 USAR 小组。

这个示例演示了如何在需求发生明显变化的情况下，始终如一地处理带有三个问题的 OODA 循环来满足操作的需求。现在另一个 ESF 已经加入，他的工作是协调 USAR 团队的响应和部署。永远不要假设你做出了第一个正确的决定，就可以满足最初的需要，应该持续监控情况，当发现第一个请求得不到满足的时候，就根据问题的需要将事件移交给另一个 ESF。持续对现场和 EOC 中的正确 ESF 进行监测和协调可以满足救灾需要，也能帮助我们进行决策，从而解决问题。

在简报会上，所有的报告都应该使用三问系统。在必要时也要对进展情况进行更详细的讨论，通过提出这三个问题，讨论和决策可以集中在最关键的问题和应对问题上。构建这个过程的关键是在救灾过程中使用大量

未经培训的人员。使用三问系统这样简单的方法构建决策过程中，也可以帮助缩小参与人员在培训和经验方面的差距。通过构建他们的决策过程，可以迫使他们应用做出决策的过程，然后评估这些决策，以确保决策是正确的。

三问系统简单易懂，教学简单易行。事实上，即使那些没有接受过培训的人也能很快理解流程并使用。这三个问题围绕着 EOC 展开，甚至可以作为所有计算机的屏幕保护程序使用。目标是关注房间内人员的行动，分析大量信息，以便提出正确的建议，然后监控事件以确保情况没有改变，并且符合他们的需求。

这三个问题迫使不熟悉 EOC 的决策类型和环境的人通过一个流程来构建他们的决策方法。通过使用 OODA 循环，他们将对事件进行可持续的评估，并加大对整体响应的贡献。持续的评估会产生共享的态势感知，这对于 EOC 中的每个人都是至关重要的。

2.5　理解决策很重要

人是应对所有灾害的关键。灾害应急响应由很多人的决策组成。这些决策加起来形成了一个整体反应响应，决定了对灾区的最终影响。在正确的时间做出正确的决策至关重要。全国绝大多数灾区的现实情况是，参与响应的人员不是经验丰富的应急救援人员。即使他们接受过一些培训，那也是很少的，甚至每年只有一次培训课程。日常履行职责的要求和灾害的罕见程度都会让人们认为这是他们职业生涯中只会发生一次的事件，因此不必为此进行培训。

社区根本没有足够的人员或资金来组建一支训练有素、经验丰富的应急救援队伍。他们必须依赖于那些每天在社区工作的人员。但他们来自不同的组织、文化背景，从事的职业也和应急管理毫无关系。即使经过培训，他们来到 EOC 时对面临的情况也有不同的理解和不同的预期。

应急管理人员负责为社区做好应对灾害的准备。必须通过培训和决策支持体系为社区发展团队。危机决策培训是该准备工作中最重要的部分。能够理解并准备好应对灾害中的不确定性、混乱和不断变化环境的人，会比那些不理解的人表现得更好。给他们进行危机决策的培训，并使用培训内容中的决策方法来强化这些概念。采用本书中建议的决策支持系统来建立一个团队以及应对所有灾害所需的系统。了解变化的决策环境，并利用

EOC创建结构化的决策系统，能够在团队内建立良好的氛围，从而有更出色的表现。

每个ESF和应急管理人员必须不断迫使自己通过OODA循环，以便应对出现的意外情况。通过构建EOC的流程来强化每个人所需的决策行为，确保自己对灾害做出最佳响应。一个社区对一场灾害的响应不能根据灾害计划写得有多漂亮来评判，而应该根据应急管理人员如何调整计划来满足社区需求做出判断。

应急管理人员让社区做好应对灾害的准备最重要的就是在灾害发生时，让他们需要的人员做好准备。仅仅将人员列入ICS或NIMS组织结构中并不能保证他们在灾害环境中能很好地发挥作用。他们必须准备好面对灾害中出现的不确定性因素以及快速变化的问题。应急管理人员具备这些技能，但他们必须理解如何将已知的知识应用到将要面临的问题中，从而可以灵活使用这些技能。如果你让你的队员做好准备，他们就能克服任何可能面临的障碍。最重要的是培训一些在灾害中社区会依赖的人员。让他们在灾害中做出决定比其他任何类型的训练都更有助于让你的社区做好准备。一个有准备的团队就意味着该辖区做好了准备。

参考文献

1. Gary Klein. Sources of Power，How People Make Decisions. Cambridge：MIT Press，1999，17.

2. Gary Klein. Sources of Power，How People Make Decisions. Cambridge：MIT Press，1999，32.

第 3 章
救灾行动：操作的艺术

我们必须认识到，我们非常缺乏存储、传递和获取信息的能力——尤其是在危机发生时。许多问题都可以归类为"信息鸿沟"……由于信息太过粗略，所以我们无法采取果断的行动。

——调查结果的执行摘要，国会报告
联邦政府应对卡特里娜飓风的经验教训

自然或人为的事件破坏了社区的正常生活，所以需要开展救灾行动来恢复秩序。应急管理人员的工作就是尽快让社区能够正常运转。要做到这一点，必须设置一个应对混乱的响应机构。

应急管理的标准定义有四个阶段：预防、准备、响应和恢复。预防阶段包括努力减少或消除自然和/或人为灾害给社区带来的风险。从立法到加强建筑物的结构以抵御地震。所有这些努力都是为了减少灾害对社区的影响。准备阶段包括规划、培训、组织、装备和开展演练，以提高社区人员和组织应对灾害的能力。响应阶段涉及调动和组织管理灾害影响所需的资源。最后，恢复阶段的定义是为通过长期计划使社区恢复到以前的状态。

作为一名专业人员，应急管理人员表现出了很强的能力，开发减灾项目、为社区可能面临的各种灾害制定计划、利用资源为灾害做准备以及制定计划以使社区恢复正常。然而，当灾害来袭时，似乎很难实施那些精心制定的计划。事实上，许多相同的响应问题在每次灾害中会反复出现；当灾害发生的时候，会在媒体上看到有关它们的讨论，或者会读到事后报告，并且将可预见的问题当作意想不到的问题来说。人们往往会在每次新的灾害中重复之前的错误，而没有学习以前的经验教训。

除了这些反复出现的问题之外，每个事件总会出现新的意料之外的问题。灾害似乎永远不会与制定的抗击灾害影响的计划一致。相反，灾害中总是会出现很多问题和复杂情况，所以哪怕是最好的计划，在执行的时候也总不尽如人意。这并不是因为制定这些计划的人不够努力或缺乏专业精神。相反，它的根源在于人们强调规划和缓解情况而不是响应。救灾行动是所有组织，包括军事组织和民间组织，都可能面临的最难管理的行动之一。然而，在应急管理的四个阶段中，响应方面似乎受到的重视最少。

由于很难抽出足够的时间来培训合适的人员，因此响应或救灾行动阶段受到的关注较少。此外，许多地方官员普遍认为，这种情况不会发生在他们的任期内。毕竟，对于大多数社区来说，灾害通常是职业生涯中仅有一次的事件，所以这种态度是可以理解的。

21 世纪初，军队也面临着同样的障碍。军事指挥官在整个职业生涯中可能从未见过一场真正的战争。然而他们明白，一旦他们面临作战指挥，这将决定他们的职业生涯是否成功。如果没有这次事件，他们的职业生涯本来可以十分精彩。许多文职官员不明白的是，他们的处境完全相同。灾害发生时，他们的职业生涯会变得岌岌可危，在几天或几周的时间里，他们的行为可能成就或毁掉他们的职业生涯。

军事指挥官把作战和战术的实施视为一门艺术并潜心研究。第一次海湾战争就是一个很好的例子。战争结束后，施瓦茨科普夫将军做了一个简报。他解释说，他使用的战术与南北战争中一位将军赢得一场战斗时使用的战术有许多相似之处。他研究了古代的战争和战术，吸取了其他将军的教训。然而，当你在重大灾害发生后听应急管理人员谈论他们所面临的问题时，就好像其他应急管理人员从未见过这些问题一样。

卡特里娜飓风过后，地方、州和联邦官员谈到受影响地区的所有形式的通信完全被毁，他们的抗灾工作面临巨大的挑战。同样的问题在 20 世纪 80 年代末雨果飓风期间发生过，几年后安德鲁飓风期间又再次发生了。然而，应急管理专业人员谈到通信中断时，仿佛这是卡特里娜飓风期间首次出现的一种新问题。

缺乏历史视角不仅是因为没有从以往的灾害中吸取教训，也是因为没有重视应急管理的响应阶段。当然，每个管辖区可能每年都举行一次演习，但重点大多放在预防和准备上。尽管应急管理人员在这两个领域都做得很好，但如果他们在灾害的响应阶段不能很好地应对，可能就无法履行职责。社区对你的评价取决于你如何实施你制定的计划、资源和减灾项目。这些努力将在抗灾阶段面临最终的考验。如果你要服务你的社区，你必须有能力领导大家应对灾害，在预防和准备工作上投入的时间和努力最终要由响应措施来检验，并反映一个社区的准备情况。如果在响应阶段不做出同样的努力，那么灾前工作就没有任何意义。卡特里娜飓风过后，很多人都在讨论，为什么没有执行计划，或者为什么计划在现实面前毫无用处。周密的计划并不能保证有效地应对灾害；相反，这取决于领导人和应急人员如何调整这些计划，以应对现实的灾害。

尽管应急管理人员尽了最大努力为社区做准备，灾害还是会发生。对生命和经济都会造成威胁。如果不能有效地领导应对，所有的准备都将是徒劳的。军队中有一句关于战斗行动的谚语，这与应对灾害非常相似："没有计划能在与敌人的第一次交锋中幸存。"

这意味着无论计划和准备做得多好，总会有意想不到的问题，这些问题可能来自敌人也可能是自己军队在执行计划时产生的。所以军队强调在混乱的战斗中实施行动。当通信失灵或物资和人力无法到达指定位置时，这种混乱被称为：战争迷雾。指挥官必须能够适应这种战争的迷雾，以便在混乱的环境中面对不断变化的现实。这不是一件容易的事，指挥员和他的部下要做好这点，就必须反复练习。

在应急管理中也是如此。无论如何计划和准备，灾害总是会找到弱点，它总是会带来意想不到的问题。它是一个不会思考的敌人，但却是一个无情的敌人。

以下系统基于这样一个事实，即响应本质上是一个令人困惑且难以把握的事件。当飓风或龙卷风来袭时，我们永远无法迅速掌握它们所产生的问题。这些问题会相互重叠，在不同的地方同时产生对资源的多种需求。这些要求可能会成为令人困惑而又相互冲突的问题。为了在这样的环境中做出响应，需要建立一个系统来整理响应中出现的问题，这些问题也可以按优先级排序，以便对其进行管理。

3.1　灾害是什么

灾害是小概率、大后果的事件。灾害的影响因灾害类型和发生地区的不同而有很大差异。相比较生命而言，灾害可能给经济上造成的影响更大。安德鲁飓风就是一个很好的例子。虽然"只有"44人丧生然而它带来的影响远不止于此。

安德鲁飓风对南佛罗里达州的影响

6.3万座房屋被毁

140万家庭断电

25万人无家可归

8万人住在避难所

250个优先紧急呼叫等待风力减弱时公共安全应急人员的到来

300万人受到影响

损失30亿美元

响应所需的国家资源

救灾行动旨在减轻灾害对灾民生活的影响。应急管理人员及其团队对与灾害有关的事件做出反应和管理的速度及效率将决定灾害对其社区的最终影响。一场灾害会对一个社区造成一定程度的损害，但社区需要多长时间才能正确应对将决定这场灾害的最终影响。

> 灾害一旦发生，就像往池塘里扔了一颗鹅卵石。如果负责应对灾害的人没有做好准备，灾害对社区的影响可能会超出最初的预期。

因此，所有应对灾害的初步行动必须是迅速和集中地使用可用资源，请求和管理到达的外部资源，尽快使社区恢复正常。

灾害响应过程中最关键的几个小时和几天将决定灾害对社区的最终影响。第一决策至关重要，因为它决定了整个行动的方向。最初错误的决策将导致普通公民的生活和工作在很长一段时间都会受到影响。这种对人们生活的破坏程度将是衡量一场灾害对一个社区影响的真正标准。

3.2 灾害响应的各个阶段

严格来说，灾害响应是不分阶段的。但是，如果研究对以往灾害的响应，就会发现其中的规律。问题的类型和这些问题发生的时间形成了可识别且在一定程度上可预测的规律。通过了解这些问题及其在灾害中发生的时间，应急管理人员可以组织行动，以满足某一阶段的需求，并预测下一阶段的响应需求。

灾害响应变成了另一码事，即需要了解什么时间会出现什么类型的问题。通过理解和组织响应阶段，应急管理人员和 EOC 的人员需要更好地集中他们的努力和注意力。当组织响应完成一个阶段并进入另一个阶段，他们会产生一种成就感。此外，灾害响应还将 EOC 的注意力集中在每个阶段的需求上。灾害的响应可以分为四个阶段。

灾害响应的阶段

- 影响阶段

- 稳定阶段
- 维持阶段
- 恢复阶段

3.2.1 影响阶段

当一个社区受到灾害的影响时，基础设施会受到破坏，通信中断，社区无法正常运作。灾害发生后的最初几个小时或几天里会非常混乱，因为需要了解社区面临的灾害规模和范围。要接收和管理大量灾害信息，创建一个清晰的灾害范围和严重程度的操作图，这是一个大工程。死了多少人？有多少人受伤？到底造成了多大的破坏？哪些资源仍然完好无损？哪些基础设施遭到破坏？

这一阶段所需时间的长短直接取决于事件的规模以及社区有组织地应对灾害的速度。随着救援机构遍布整个社区，他们将报告发现的损失、问题以及已经开始的行动。操作准备包括使用图形显示将需求和操作可视化，以便将通用操作图（Common Operating Picture，COP）汇总在一起。这种COP能帮助人们形成正确应对灾害所需的态势感知能力。EOC负责将信息整理并组织成一个COP来应对地震或飓风灾害，这个阶段可能会持续72小时或更长时间。在龙卷风灾害中，它可能持续几个小时，甚至一天。破坏程度越大、范围越广，就需要更长的时间来形成一个连贯并准确的事件图。

影响阶段的初始操作将集中于生命安全和对事件严重性的基本评估。这些操作包括下面方框中列出的操作。

影响阶段问题

- 搜索和救援
- 伤者的护理和治疗
- 清理街道，以便开展保护生命安全的行动
- 重要基础设施的损坏评估
- 查明资源短缺情况，向地区、州或国家申请外部资源
- 大量民用住宅和商业建筑遭到破坏

在找到所有问题以及分配完所有资源之前，所有行动都会围绕这些问题及其附带问题展开。灾后搜索和救援是首要任务。如果再过几个小时，受伤或被困的人就会开始死亡。所有部门都应该制定一套预先行动计划，以便值班人员执行。然后，随着对灾害及其影响的认识逐渐清晰，资源可以集中在最严重的事件上。这是一项人力密集型的行动，需要很多人的参与。职责包括：

① 搜救队和当地医疗机构的救助能力会直接影响这个阶段。一旦发现伤员，需要大量人员对他们进行治疗，并将他们运送到医疗机构。

② 街道清理行动必须与救援工作同步进行。如果街道不能清理干净，车辆和救援设备就不能顺利地到达现场，应急管理人员也无法到达受灾最严重的地区，导致救援行动很难展开。

③ 灾害评估是另一个主要问题。只有了解了社区的受灾程度，应急管理才能开始优先处理他们面临的问题。

④ 如果灾害是突发事件，下一步就是为流离失所者开放紧急避难所。

在找到所有问题以及分配完所有资源之前，社区会一直处于影响阶段，并且到 24 小时内没有报告其他严重问题为止。

每个人都应充分理解这一定义，并应公示影响阶段结束的正式声明。这是一种形式，目的是通过该形式给救援者和公众一种成就感。

对灾害进行阶段定义并通过这些阶段跟进进展情况，应急管理小组和辖区根据以往对灾害的总结，来了解目前的进展，尽管这种进展可能不那么明显。如果缺乏阶段定义，响应行动看起来就像一系列永远不会结束的问题。对于 EOC 团队来说，了解他们在事件的响应和管理中的位置是至关重要的。这有助于安排时间和安排资源的优先次序。

3.2.2 稳定阶段

稳定阶段产生了一些需要解决的新问题。灾害的范围已经确定。问题的数量和类型也已经确定，解决这些问题的资源可能在现场或者已经从外部机构调派，正在运输途中。基于 COP（通用操作图），可以将本地和外部资源进行排序。与此同时，在社区恢复到正常状态以前，灾区人们的吃、穿、住以及医疗卫生需求必须得到满足。

在这一阶段的应急救援行动中，应继续围绕搜救、伤员护理和死者身份识别展开，直到所有受害者的最终处置完成。还包括建立一个供应系统来分配食物、水、冰和临时住所。这个系统将管理来自社区外的大量食物、衣服和冰块。它必须能够处理大量复杂的事情，才能在这些物资变质或冰融化之前将它们运送到最需要的人手中。

当地资源无法单独处理这些问题，因此必须借助外部机构和志愿者来管理大量的物资、设备和人员。组织和管理新加入的志愿者会成为稳定阶段的重要事项。他们不熟悉灾区或人们的需求，只能依靠当地政府将他们分配到最需要的地区。

军队和其他联邦应急机构也将协助救灾，他们也需要指导，所有这些都需要时间、精力和人员。所有这些协调工作都将通过 EOC 来进行。它的任务是通过 ESF 系统协调各机构和志愿者。甚至可能需要不止一个 ESF 来处理管理的问题，并且 ESF 人员将分成小组来管理特定的资源或行动。

成千上万的民众可能在避难所避难。这些避难所和帐篷本身会产生一些问题，而这些问题通常不属于红十字会、救护军、执法部门、EMS 部门、消防安全部门和其他部门管辖，这些问题还需要 ESF 定期开会来解决。

查理飓风避难所的教训

在查理飓风期间，笔者在 ESF♯6 从事市民护理工作。笔者的管辖范围仅限于佛罗里达海岸以内的内陆地区，海边的避难所里住着成千上万的人。避难所很快就报告了食物、安全、医疗护理和其他物资的问题。为了解决这些问题，笔者不得不打电话、发邮件，或者利用另一个有资源满足需求的 ESF。很明显，这减缓了我们的进程，我们都不太了解避难所的全部情况。但每个 ESF 都有他们自己内部的问题图。

为了解决这个问题，我们和 ESF 的应急管理人员召开避难所会议，应对所有避难所问题和紧急情况。这些人员包括管治安的警察局、红十字会、救护军、志愿者和捐赠者、对设施进行管理的学校董事会和管理特殊需求庇护所的公共卫生官员。最初我们每两个小时会面一次，讨论每个避难所的问题。经过几次这样的会议，我们对整个局势有了很好的了解。会议加快了对这些问题的管理，因此会议次数就可以相应减少。之后，由于避难所空置，我们不再见面了。会议上沟通的成果使得风暴期间避难所的管理效率大大提高。

在稳定阶段，如果对灾害造成的所有问题做出响应，辖区内其他居民对公共安全机构的需求将会大幅增加。社区的民众不仅会有心脏骤停、车祸和家庭问题，而且因为这些事件，他们还会有一些异常的行为，这些异常行为会引发其他的问题。

安德鲁飓风对公共安全的影响

安德鲁飓风过后，戴德县的消防救援人数增加了两倍。因为人们晚上用蜡烛照明，导致发生了更多火灾。不习惯体力劳动的人试图对他们的家和公司进行临时维修而受伤，导致医疗电话大幅增多。由于信号灯系统和停车标志在风暴中被摧毁，且路上行人很多导致出现了更多的车祸。在社区内发生的这些事件的规模将使现有资源极度紧张。

这些都是在稳定阶段对现有资源提出需求的又一个类型的例子，这是辖区受到灾害损害之外的甚至更高的需求。所有这些问题都是因为人们试图让自己的生活恢复秩序，在救援到来之前使自己能够生存下去。稳定阶段及其需求不只是持续几天，可能会持续数周。直到有足够的资源来解决社区内的所有问题，这个阶段才结束。笔者的意思是建立临时系统来组织、分配和支持所有的行动以及整个社区的需求。同样，应当向公众宣布这一阶段的结束，并让 EOC 工作人员了解这个重要的进展。稳定阶段结束就进入了维持阶段。

3.2.3 维持阶段

当应急管理团队了解所面临问题的范围，有足够的资源来解决所有的问题，并取得进展时，维持阶段就开始了。这并不意味着该社区即将恢复正常。这意味着已经查明问题并正在试图解决。这一阶段几乎和稳定阶段一样具有挑战性。所有的操作都必须有人员、设备和消耗品的支持。此外，如果社区要从联邦政府那里获得资金，就必须保留所有行动的详细记录。

最后，与稳定阶段一样，社区部门的紧急呼叫和正常工作量不会减少。这将持续数周甚至数月保持在异常高的水平。直到社区开始恢复正常，对请求紧急援助的次数才会减少。维持阶段的挑战是军方所说的同步行动。这意味着要了解实地的需要，并及时提供人力和资源支持。当所有工作都已完成，社区恢复了某种程度的正常，维持阶段才宣告结束。

维持阶段的基准

- 呼叫量已恢复到正常水平或正常人员可以处理的水平。
- 大量的道路开放，且能够通往城市的大部分地区。
- 受灾地区的所有搜救行动已经完成。
- 该地区所有医院现在都能提供全面服务。
- 各部门的所有工作人员都有充足的时间来检查家庭情况，并在必要时安排临时住所。

在维持阶段取得的进展是一个社区开始恢复正常的显著标志。大多数公民在这一阶段会看到抗灾取得的进展，因为他们的生活开始恢复正常。这些重大进展将用于确定何时可以释放外部资源，以及何时可以开始正常工作和轮班。同样，这些标准会有所不同，但是每个基准的完成都应该在 EOC 和公众中宣布并且进行庆祝。

3.2.4 恢复阶段

恢复阶段可能需要数年才能完成，在某些情况下这将彻底改变整个社区——只要看看今天的新奥尔良在卡特里娜飓风前后的对比就知道了。虽然应急管理是这个长期阶段的开始，但更多的是经济和管理领导层灾后重塑社区的职能。在某些情况下，这项任务永远不会完成，但这不是应急管理工作的重点。相反，他们应该专注于恢复和重建社区正常生活。恢复是一项管理和经济职能。

3.3 救灾行动

救灾行动就是要在混乱中维持秩序。需要接收大量的信息，包括重要的和不重要的，并能够对其进行分类和优先级排序，不是一次性收集所有信息，而是通过一系列的信息收集和资源应用，以正确的顺序解决相应问题。这个过程是复杂的，因为你将坐在一个房间里，里面坐满了你不一定熟悉的人，所有人描绘的事情可能都不尽相同。你必须能够想象这些事件，找到控制事件的方法并取得成效。你可以通过一系列程序来实现这一点，这些程序可创建一个尽可能简单易懂的通用操作图。一旦形成了清晰的画面，那么房间里的每个人都能够对事件有一个共同、清晰的认知。在COP 中，培养态势感知能够帮助你和 EOC 成员做出正确的决定，能够在混乱中维持秩序。

要做到这一点，唯一的方法是利用 EOC 安排时间和接下来的工作，让那些不同岗位的人及时按照优先级顺序获得所需的信息。这是通过将这些信息组合成一个可视化图像的系统来实现的。下面的系统就是为此而设计的。

这些系统不是为任何特定类型的 EOC 管理软件设计的。而是设计者试图让使用者更快地适应 EOC，于是提供一套可用于引导所有社区度过灾害的总体原则。如果不了解危机决策以及其与日常决策的区别，这些系统或任何其他系统都不能奏效。所以在所有系统建立之前都要进行决策培训。以确保负责操作系统的人能够正确操作该系统。

3.3.1 在应急管理层面的 ICS/EOC 联合应急操作

军方称救援行动应该是在指挥或行动层面，而不是战术层面。应急管理人员不做战术决策。他们协调并支持社区内外各种重要应对机构的行动。他们的工作是从整个社区的角度来观察形势，咨询所有部门，并确保任何时候都能集中现有的资源来解决当前面临的重要问题。一旦确定了重点，就要靠这些部门的人员来解决问题。如果应急人员能够在适当的时间将行动和资源集中在适当的问题上，他们就已经完成了自己的工作。

应急管理人员操作指导原则

　　救灾行动是基于可用资源、已知事件及使用所需资源和协调响应需要多长时间的资源分配决策。应急管理人员必须考虑完成行动所需的时间。一个资源请求需要一段时间才能通过系统程序得到处理，最后才能到达需要它的地方。所有不能够立即满足的请求出现时，就必须考虑到时间是否会延迟这个问题。如果现场局势变化迅速，应急管理人员必须认识到局势不会停滞不前，最初请求的资源在送达时可能不够用。因此，负责现场响应的人员必须和EOC之间密切协调，以确保资源及时送达。

　　应急管理人员必须明白，执法、公共卫生等各个领域的专家对其具体行动的需求有更多的了解。所以应急管理者要做出更高决策，应该从整体上考虑应对措施，优先考虑各个部门的需求。他们的工作是着眼于大局，确保他们的社区在正确的时间、正确的地点使用关键资源。统筹各部门的需要与社会的需要，并在适当的问题上，善用现有资源，找出最合适的组合，这是他们的主要职责。

　　应急管理人员通过咨询相关机构和民选官员来完成这项工作。民选官员将最终做出决定。如果你作为组织内的灾害专家和公正的联署人（经查证，witness可以表示联署人，即联合签名重要文件的人员——译者注）已经做好了基础工作，那么在灾害前花费的时间和精力到时会让你的角色自然转变。

3.3.2　新组织类型

　　通常情况下，社区是运作良好的组织，有着重要的负责人、基层工作人员和专家，每天他们提供了很多服务。但在灾害期间，该组织必须调整并以一种全新的方式运作。新组织是依靠这些人组建起来的，在灾害中，哪怕只是最普通的一个员工也可以让整个组织停止运作，除非相关问题得到解决。

航空母舰

航空母舰就是一个好例子。舰上最基本的工作之一是在舰载机起飞前将尾钩挂到飞机上。执行这项任务的人是为飞机起飞做准备的团队中一员。如果这个人发现尾钩或飞机有问题，就会通知飞机管理员，这时所有的弹射起飞活动就会停止。这时，全舰的操作都集中在那一架飞机的起飞上。

航空母舰上严格遵循等级制度，入伍士兵和军官们负责管理这艘船。然而，当尾钩或飞机发生故障时，整个等级制度就会因这个单一的问题瓦解，直到问题被解决。而且在此得到解决之前，舰载机不会有进一步的起飞计划。舰上的一个基层工作人员使一艘有5000多人的船的运作停下来，直到这个问题得到解决才能再次运作，这是因为它被认为是当时舰上最重要的问题。舰上所有资源都被用来优先解决尾钩或飞机的故障问题，而当故障解决后，航空母舰就可以恢复运作了，这种把决定权交给舰上基层人员的做法是一个完美的例子，阐述了应急管理机构应该如何行事，在灾害处理过程中，一个新的组织必须从原来的组织中发展起来。

社区选举和官员任命时必须深刻理解这种新型的组织的运作模式，并准备利用它来处理灾害事件。在一场灾害中，做出每一个决定的风险都会很高。可能并不清楚哪些会威胁到生命，哪些不会那么严重。因此，一个系统必须能够区分这两种情况并做出适当的响应。

灾害期间，应急管理中心的信息流必须比正常运作时更加灵活。在一个高度可靠的系统中，信息必须能够自下而上及自上而下地流动。下面的人将比在EOC的管理者更了解实际状况。因为他们是进行灾害评估和搜救行动的人。因此，他们收集到的信息必须尽快向上汇报。只有这样，EOC才能开始了解灾害的范围和严重性。这与组织通常处理信息自上而下的规范方向的方式相反。因此，社区的领导人和EOC的工作人员必须明白，如果不想犯错误，就必须建立一种开放的双向沟通的氛围。

如果要创建这种类型的组织，EOC的工作人员必须理解这一原则并将这个原则贯彻实施，否则无法使用正确的信息。当来自现场的报告送达各个 ESF 时，主要负责人必须了解信息的基本要素（essential elements of information，EEI）是什么，哪些信息与这些 EEI 相关。他们要在信息送达 EOC 时对这些 EEI 进行优先排序。

3.4　信息的基本要素

军事指挥官在某个特定时间需要有关敌人和环境的关键信息，以便与其他可用的信息和情报联系，从而帮助做出符合逻辑的决策。

当 EOC 收到大量信息时，EEI 是进行信息筛选的第一个过滤器。ESF 使用 EEI 对信息进行优先排序，通过分析将需要的信息传递给其他工作人员并将其进行可视化。ESF 是开始对信息进行分类和排序的关键。他们了解自己的关注点以及该领域内什么是重要的，所以他们应该确定每条信息的重要程度。

哪些信息是需要知道的？哪些系统和设施对于了解灾害对社区的影响至关重要？你如何从如此多的部门和行政机构中收集最关键的信息？答案是为社区制定一份 EEI 清单。它们应该包括关键的响应部门和其他影响人员及反应的关键行政机构。第一步要做的是书写一份正式的社区概括报告。

此目的主要是查明应急和民用设施中的所有关键基础设施。这个列表将成为所有事后损害评估的依据。这个清单上的设施应该出现在最接近现场的应急响应人员、公共工程人员和其他公共雇员在事件发生后进行检查的预期行动（expected actions，EA）清单上。灾害处置信息流程图如图 3.1 所示。

应急管理人员将使用这个社区配置文件，并与他管辖范围内的各个部门一起为社区制定一系列信息的基本要素清单。确定 EEI 之后，就要开始确定灾害的规模和范围及其对社区的影响。它们还将被转化为其工作人员的预期行动指南（expected action guides，EAG），以便他们可以在不知情的情况下立即开始收集 EEI。以下只是列表的一部分。它应被视为一个社区危机管理的起点，并应增加或减少信息以满足其具体需要。

（1）关键的社区设施

- 医院
- 疗养院
- 退休中心（集体宿舍）

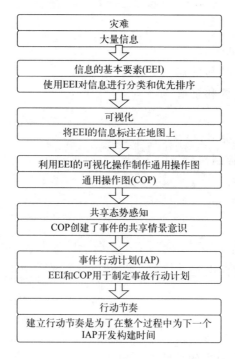

图 3.1 灾害处置信息流程图

- 辅助生活设施
- 避难所/特殊避难所
- 学校
- 旅游/娱乐景点
- 大型办公大楼
- 购物中心/商场
- 码头
- 机场
- 港口
- 火车站或货场
- 移动房屋或人造住宅公园
- 房车场地

（2）必要的服务设施

- 警察局/警长站和分站

- 消防站
- 邮局
- 911 报警中心
- 公共工程场地和设施
- 污水处理设施和泵站
- 加油设施
- 电站和变电站
- 电话交换/控制站
- 手机信号塔
- 动物收容所
- 通信塔

（3）资源位置

- 散装燃料存储设施
- 冰工厂
- 食品仓库
- 建筑设备编组场

（4）信息基本要素的总结

- 伤亡人数
- 受灾面积
- 受灾害影响的人数
- 受灾害影响的关键响应基础设施
- 关键支持性基础设施（医院、电力、水等）和设施状况
- 房屋和商业建筑的受损情况

（5）优先响应

- 生命安全
- 关键基础设施
- 财产和经济影响

利用收集到的信息，开始确定你的战略目标和实现这些目标的阶段性目标。但这一初步评估仅仅是个开始：所有相关人员必须有意识地进行持续扩大评估。这项工作有一个目标，那就是改进每个人做出决定所依据的信息。信息流通以及给信息进行排序能够建立一个有效的通用操作图，在此基础上，可以进行决策、开展行动。

3.5 可视化分析

通过 EEI 对信息分类和优先排序，灾害中的关键信息就变得可视化，即能在操作图上显现。考虑到要真正清楚地理解灾害对社区关系的影响，操作图远比问题列表直观。应该向每个人展示这个操作图，以便大家都能够看到它以及发生的实时变动。应该使用画图、符号、图表和其他视觉辅助工具来创建一个动态的、易于理解的灾害演示图。灾害规模越大越复杂，可视化就应该越详细，这将有助于应急管理者和 EOC 团队了解资源、损失和需求之间的关系。这些关系对于了解哪里需要资源以及附近是否有能提供的资源是至关重要的。

EOC 中的任何人都应该能够坐在他或她的显示器前，获得当前操作的完整情况报告，而不是要一个值班简报。这种可视化将形成一个 COP 和一种态势感知，从而得到好的决策。

有许多设计好的软件包可用来创建一个有用的操作图。决定使用哪一个取决于你的社区的规模和复杂性，以及你的 EOC 成员对它的适应程度。无论选择使用什么，它都应该具有显示以下信息的能力：

- 资源和单位状态
- EEI 为社区提供行动时间和所采取的行动
- 天气数据（天气可能是导致灾害的原因，它可能会干扰正在进行的操作，所以有一个准确的预报显然是很重要的）
- 行动的时间安排表
- ICS/NIMS 组织结构图（组织内分配的人员将随轮班和时间变化而变化，所以知道给谁打电话解决特定问题能够确保时间不会浪费在试图联系错误的人身上）

3.6 通用操作图

了解灾害的影响可以使得灾害可视化，工作人员也可以开始建立一个 COP。这幅图让人们对灾害及其对社区、可用资源和所需资源的影响有了一致的理解。

这些最初的 EEI 只能提供对所面临的损失和问题的初步评估。EOC 中的每个人都必须明白，收集到的信息只是初步评估，必须不断更新。这些信息只是能够形成灾害的第一个 COP。从这个 COP 开始，响应的优先次序将开始变得清晰。

- 评估只是及时的简要说明；灾害不是静态事件。
- 信息随时间变化。
- 信息的重要性会随着时间推移而改变。
- 随着形势的变化，通过 EEI 监测信息将有助于澄清最重要的问题。
- 接收信息的时间对理解其重要性至关重要。没有它，就没有参考点，情况可能与上次评估相比发生了巨大变化。

这一 COP 将推动有关 ESF 具体需求的初步和长期的决策，并最终让人们做出整体的应对措施。每个人都应该努力保持准确和及时的 COP，以便在正确的时间做出正确的决定。

从 COP 开始，第一次情景感知评估将逐渐形成。以下是 COP 构建的标准情况报告。情况报告将所有的 EEI 和其他信息汇编成一种表格，在报告当前状况和需求时，可以供内部和外部使用。

情况报告
- 死亡、受伤、失踪人员
- 社区内受影响地区的位置
  —受损的结构
  —估计受影响的人数
- 关键响应基础设施和人员的状况
  —执法部门
  —消防
  —搜索和救援
  —紧急医疗服务
  —医院
  —公共工程
  —信息系统
- 发布疏散命令（强制/自愿）
- 学校的位置
- 政府办公室的位置
- EOC 激活级别
- 其他指挥所或操作中心（消防、搜索和救援、执法、公共工程等）

- 公共信息
  - 信息热线
  - 新闻稿
- 避难所
  - 当前避难所状态、名称、位置、人数、需求
  - 预期的庇护需求
  - 可用避难所的数量和容量
- 响应情况
  - 资源部署
  - 人员状况
  - 设施状况
  - 设备状态
  - 居民死亡、受伤、失踪的现场报告
  - 关键基础设施的实地报告
    - 道路
    - 医院
  - 房屋受损或被毁的实地报告
- 消防
  - 资源部署
  - 人员状况
  - 设施状况
  - 设备状态
  - 居民死亡、受伤和失踪的现场报告
  - 关键基础设施的实地报告
    - 道路
    - 医院
  - 房屋受损或被毁的实地报告
- 公共工程
  - 资源部署
  - 人员状况
  - 设施状况
  - 设备状态

—居民死亡、受伤和失踪的实地报告

　　—关键基础设施的现场报告

　　　　○ 道路

　　　　○ 电梯控制室

　　　　○ 水处理和废水处理

　　　　○ 电网

　　—房屋损坏或毁坏的实地报告

● 信息系统

　　—资源部署

　　—人员状况

　　—设施状况

　　—设备状态

　　—关键信息基础设施受损

　　　　○ 计算机系统

　　　　○ 无线电系统

　　　　○ 电话系统

　　　　○ 911 系统

● 医疗

　　—医疗设施的状况

　　　　○ 医院

　　　　　　□ 内科/外科病床

　　　　　　　　• 实际可用的病床

　　　　　　　　• 工作人员床位

　　　　　　　　• 无人看护的床位

　　　　　　　　• 有人使用的床位

　　　　　　　　• 可用的床位

　　　　　　□ 重症监护室

　　　　　　　　• 烧伤重症监护病房

　　　　　　　　• 儿科

　　　　　　　　• 儿科重症监护室

　　　　　　　　• 精神科

　　　　　　　　• 负压/隔离室

- 手术室
- □ 安置职工
  - 医生
  - 护士
  - 技术人员
- □ 超负荷能力
  - 24 小时内可提供的配有工作人员的床位
  - 72 小时内可提供的配有工作人员的床位
- □ 电力
- □ 水
- □ 发电机
  - 燃料
- □ 食物供应
- □ 通信
- □ 药品供应
- □ 停尸房状况
- □ 病人转院需求
- □ 养老院

这份态势感知报告可以推动下一步的行动和步骤，并成为此后的 IAP 的基础。通过更新这份报告，EOC 能够不断持续地了解它所面临的问题。但这种持续更新的意识在灾害过程中并不容易获得或保持。必须不断重复整个过程，以保持对行动和面临的需求的正确态势感知。

3.7　事件行动计划

从 EEI 的收集到通用操作图的开发再到共享的态势感知，应急管理人员和规划官员可以开始制定 IAP。事件行动计划不应该是一份冗长而复杂的文件。相反，它应该是简短且易于理解的。该计划应包括以下部分：

- 行动期和日期——行动期将持续多长时间
- 该行动期的行动目标，ESF 要实现的各个行动目标以及为每个目标分配的资源
- 在行动期间需要解决的所有关键问题
- 上一个 IAP 中的行动目标的状况（已完成或仍在进行中），为上一

个事前行动计划中的每个行动目标分配的资源

- 谁负责这些正在进行的目标
- 各 ESF 部门的组织结构图，包括行政、计划、运营和后勤
- 事件名称，仍在进行中的所有重大事件的事件指挥官（IC）姓名，以及 IC 确定的所有资源的短缺情况

一旦最初的 IAP 编写完成，它就可以成为构建 EOC 运营的基础，日程安排围绕着完成 IAP 规定的目标和为下一个行动计划准备配额。在准备下一个 IAP 的过程中，收集和监测 EEI、更新可视化以获得准确的 COP，以及最终共享态势感知。这种持续的评估和再评估过程将形成准确且及时的决策，并在正确的时间为反应行动设定适当的目标。

3.8 行动节奏

在每个 IAP 的运行周期中必须设置一个额外的结构，那就是行动节奏。行动节奏就是制定下一个综合行动计划所需信息的时间框架。在 EOC 中给每个人安排时间，以确定下一个规划期并提出建议的最后期限。如果没有这些最后期限，加上当地局势不断变化，就很难划分界线说这就是目前的局势。行动节奏可以由许多因素驱动——比如灾害的类型到当选官员何时召开新闻发布会。所以应急管理人员必须足够灵活，调整节奏以满足需求。以下是佛罗里达州应急管理中心一个行动节奏的例子。

佛罗里达州的飓风行动节奏

07：00 换班

07：30 简报（行政、后勤、行动、规划）

08：00 早餐

09：00 IAP 会议，ESF ♯5 规划运行会议，州长新闻发布会简报

10：00 国家气象局（National Weather Service，NWS）电话会议（NWS 将向州和县一级的应急管理人员介绍情况，讨论下一份报告的内容）

11：00 NWS 向公众发布建议

11：15 与全州各县召开电话会议，讨论根据最新通知采取的必要措施

12：00 国家行动中心视频电话会议，包括白宫战情室和其他受影响的州

13：00 与联邦紧急事务管理局（FEMA）召开后勤会议

15：45 准备州长的简报

16：00 州长新闻发布会和简报会

16：00 NWS 在 17：00 咨询前召开电话会议

17：00 向公众发布 NWS 咨询

17：45 召开县内电话会议讨论根据新的飓风警报采取的行动

当你研究佛罗里达州的行动节奏时，你会发现它与其他机构和民选官员的协调有关，并依赖于国家气象局的建议。在行动节奏中加入国家气象局的简报是气象灾害的独特之处。如果灾害是一场大流行病，那么电话会议可能是基于疾病控制与预防中心（CDC）的定期简报。不管原因是什么，使用行动节奏可以确保为各种简报收集到最新的信息，并且使 ESF 都了解他们的工作时间框架。他们的时间和行动连接紧密，以满足应对总体需求。每一场灾害都需要制定自己的行动节奏，但一旦建立起来，它将确保行动满足作战需要和告知公众的需要。

3.9　结论

前面的程序只有一个目标，那就是构建整个 EOC 收集和分发信息的方式。通过结构化信息流程和时间安排，能够确保 EOC 满足当前行动的需要和公众的知情权。这种程序将为那些不适应于应对灾害的人提供必要的组织。规范组织流程和参与时间可以为大家提供一种工作环境，也可以更有效地应对灾害。

第 4 章

决策图：绿灯系统

应急管理活动是在压力条件下的信息管理活动。在这种背景下，信息管理不是指技术，而是指如何通过各种技术手段、书面通信、口头传达和面对面的沟通等方式，将信息传达给某个组织。EOC 收到了大量的信息、媒体报道和民众的反馈，而这些信息的重要程度不同，应急管理团队必须对每一条信息进行分类和优先排序，他们必须知道什么是重要的、什么需要立即解决，以及什么可以稍后处置。这意味着每个应急支持工作组（ESF）中的每个人都必须了解刚刚收到的信息对当前突发事件行动计划（IAP）的重要性，以及如何在计划中对这些信息的重要性进行排序。

大量信息可能会导致团队抓不住工作重点，并导致响应行动迟缓。团队成员可能会因为需要跟踪太多的威胁，而导致忽略其中最关键的威胁。如果跟踪太多的信息，EOC 会被大量次要信息束缚手脚，这可以压垮任何团队，除非有一个特定的系统对这些信息进行排序、分类并进行展示，使得每个人都理解其重要性。仅仅将 ESF 收到的信息添加到"重要"信息列表中是不够的，它必须放在 ESF 应急响应的背景下，团队必须理解它们之间的关联，以及它应该如何展示和在哪里展示。

数百年来，军方一直面临这个问题，通过多次迭代，一个符号系统已经演变成一个计算机化的战斗显示系统，指挥员可以看到当前作战行动的动态图像，他们称为指挥控制系统可视化。可视化是地形和资源以及它们状态的图形化表示，作为决策过程中的第一个步骤，他们认为可视化是一个非常重要的工作。这些图形构成一个连续作战图，从而产生一种态势感知，这种感知专注于所有作战的最关键部分。如果使用得当，可以让指挥官一走进指挥部就立马了解到当前的作战状态，而不需要任何人做汇报。将复杂多变的动态局势进行可视化，对于帮助指挥官专注于当前面临的最重要的问题是至关重要的。

在瞬息万变的环境中非常重要的一点是，当需要做出快速而明智的决策时，能够以一种可视化的方式展示行动，并提供像简报一样多的信息。而后，口头和书面简报可以聚焦于所需的决策点，并将决策细节纳入考虑范围。能够了解事件的空间关系、取得的进展、可用的资源和未满足的需求，可以帮助应急管理者做出决策并确定其优先顺序。如果没有可视化的能力，由于大量信息、简报和相互冲突的信息优先级的干扰，可能会导致我们忽视最重要的需求。而这种行动可视化的能力，正是应急管理领域所欠缺的。

一个民用 EOC 大致类似于一个军事指挥所。该社区的所有决策者都聚在一起，将注意力放在威胁他们社区的最大问题上。虽然军方每次作战都会用到这种组织性的工具，但对于非军方的我们来说，在职业生涯中只会用到一次或者两次。

在组织架构上，一个社区内的日常运作与灾害来临时正好相反。在日常工作中，每个人都有一套自己的信息处理和决策方法，他们有一个做出决策的固定流程，每个人都理解并在自己的部门架构中运用这个决策流程。这些内部优先排序和决策方法很少依赖或优先于其他部门的项目。然而，当人们进入 EOC 工作后，所有这些都必须改变，因为他们要作为一个团队，为整个城市的优先事务工作。根据事件的不同，一个部门的角色可以从辅助角色变成领导角色。

即使在行动前进行了计划和培训，也很难适应这种突然和巨大的角色转变，因为决策过程中的变化太大了，所以需要有工具来帮助所有人适应新环境。其中一种工具就是开发一个事件可视化的系统，该系统必须尽可能简单直观，同时在复杂、快速变化的情况下，以能让人理解的方式显示信息。因此，我们需要一个可以为所有参与者构建信息的工具。

民用 EOC 可以直接运用军方的原则。本章的目标就是建设这样一个民用系统，所提出的行动流程足够灵活，可供各司法管辖区根据自身具体需求进行调整。其目的是提供可立即用于响应的工具，并为社区开发更先进和复杂的应急管理系统建立一个新的起点。

4.1　绿灯系统

EOC 那些 ESF 的工作人员是如何确定哪些信息是重要的？并如何向响应中心的每位成员展示，以使得他们理解？团队的其他成员如何一眼就能理解该信息对于个人行动来说意味着什么，以及如何应用于全社区的行动？最后，应急管理者要如何将所有这些信息整合到一个突发事件行动计划（IAP）中，以满足最重要的需求？绿灯系统就可以以一种简单易懂的方式，来展示重要的资源和行动信息，以实现上述目标。

绿灯系统的概念很简单，它使用红绿灯来表示单位、设施、行动和后勤需求的状态。它使人们对各种问题和需求，以及社区的应急准备总体情况有个清晰的了解。当各下级社区和部门的状态都明确时，那么司法管辖区就对自身能力以及所需的重要资源有了一个大致的印象。而后，应急管理团队就可以最大限度地利用好现有资源，并请求最急需的资源和后勤支援。

笔者希望提供一套简单的规则，无论司法管辖区的规模大小，该规则都能适用于它的资源和行动管理，并可以集成到所有的 ICS 或 NIMS 当中，用来做出正确的决策。

绿灯表示设备、设施和部门完全正常，能够按照行动标准开展应急响应所需的行动。

黄灯表示存在影响设备、设施或行动有效性的问题，但它们仍然能够以较低效率开展行动。

红灯表示存在重大问题、困难或不足，设备、设施、部门或行动无法正常运作。

事件发生前，该部门就应列出影响响应行动表现的关键因素清单，这些标准能够反映一个部门为了保证正常工作效率必要的需求。这些关键因素会涉及人员、设备和设施等。他们通过分析这些影响因素受到的损失或损害，根据其运行状态可能受到的影响将其分为红灯、黄灯和绿灯。这些信号灯将用于表示其在灾害期间的状态，因此，应急管理者参与每个部门的规划过程是十分重要的。

每个部门自己的工作人员最清楚哪些设备、人员和系统对该部门的运作至关重要。应急管理者应通过帮助各部门了解如何将系统应用于其资源和流程管理，以使各部门参与该系统的建设。我们要知道，他们是这个领域的专家，比任何人都更了解其复杂性，应急管理者参与其中只是为了促进该系统的建设。为了制定这些标准，所有参与者必须确定以下内容：

- 确定并优先考虑各主要部门或下属部门的基本关键考核标准。
- 事件结束后，使用这些标准对其部门的行动和设施进行评估，以确定该部门的信号灯颜色。
- 确保所有的部门工作人员理解这些标准。
- 建立一套预期行动方案，用来解释管理架构何时以及如何收集和传达这些信息。

消防部门就是一个典型的例子，因为它是由设施、人员和设备组成的，所有这些都有明确的区域和能力标识。我们可以根据上述 3 个因素来确定每一个消防站所属的指示灯颜色，即：设施，就是消防站本身；设备，也就是消防车；还有人员，指车上的人员。每一项都需要单独评估，并确定它们的颜色，然后将这些颜色标识汇总为整个消防站的颜色标识（见图 4.1）。

只要条件允许，每个高级指挥官将会对消防站进行绿灯系统评估。指挥官将会利用普通方式尽快传递信息，如果普通方式不可行的话，他们将与最近消防站的人员进行沟通联系，以尽快完成评估。

1. 人员：所有人员的身体状况

a. 绿色＝没有受伤

b. 黄色＝轻伤

c. 红色＝重伤

应详细说明所有的伤员情况，无论是轻伤还是重伤，并记录所采取的措施。

2. 设备：各单元的响应能力

a. 绿色＝都能使用

b. 黄色＝都能使用，但需要维修

c. 红色＝不能使用

记录所有需要维修的情况。

3. 设施：设施的物理条件

a. 绿色＝轻度或没有损坏

b. 黄色＝严重损坏，需要第一时间维修

c. 红色＝不能居住，在修复之前，人员需要转移到其他地方。

4. 通信

a. 绿色＝所有的通信方式，包括电话、电台和内部网络都正常工作

b. 黄色＝部分常规通信方式不可用

c. 红色＝所有通信方式都不可用

5. 消防站交通状况

a. 绿色＝周边道路出行畅通

b. 黄色＝轻度拥堵，仍能开展响应行动

c. 红色＝需要大型设备清理拥堵才能开展响应行动

6. 消防站整体评级：基于上述评估结果（有一个黄色即为黄色，有一个红色即为红色）

a. 绿色

b. 黄色

c. 红色

7. 周边消防站（需要对周边消防站快速做出环境破坏评估）

a. 绿色＝大部分街道畅通，建筑受到轻微破坏

b. 黄色＝大部分街道被封锁，一些建筑受到严重破坏

c. 红色＝很多街道被封锁，大多数建筑受到严重破坏或摧毁

图 4.1　绿灯系统

如果消防站的建筑物本身遭到重大损坏，但装备未受损、人员也未受伤，则应将该消防站的"设施"部分标为红灯，"设备"和"人员"部分标为绿灯。鉴于该站的设施评级为红灯，消防部门将其总体情况预先评估为黄灯，表明它能够做出响应，但如果设施出现问题，响应行动最终将受到

影响，需要找时间解决其设施问题。因此，虽然该站被评定为黄色，但消防部门可能会将注意力放在其他具有影响响应行动的更关键需求的消防站上。

消防部门被分成几个大队，大队下的所有消防站都将被作为一个整体赋予相同的红绿灯标识。大队下的所有消防站都将作为一个整体来划分评级，是红灯、黄灯还是绿灯。比如说，消防部门如果确定某大队有超过一半的消防站评级为红灯或黄灯，则该大队的标志将是黄灯。大队长将报告大队的总体评级和每个站的评级。

所有大队的报告将被汇总为整个消防部门的总体评级。比如说，既定的部门标准是，如果有一个以上的大队标注红灯或黄灯，那么整个消防部门就应标记为黄灯。这意味着，虽然有的单位可以开展响应行动，但该消防部门的总体效率受到了影响。通过将站级、大队级和整个消防部门的评级汇总起来，可以快速清晰地了解该消防部门的总体应急能力。这个评级将确定最大的问题在哪里，因此可以通过调配可用资源或请求额外资源来解决。例如，如果大多数红灯是由于设施损坏造成的，该部门仍然可以运行，但长期运行将受到影响，那么就需要维修或更换这些设施。

然后，将消防部门黄灯标志与司法管辖区内其他部门的标志添加到一起，以确定社区关键基础设施响应机构的整体能力。将标记为红灯、黄灯和绿灯的部门数量汇总起来，即为整个社区的评级。假设社区内有一定数量的部门受到了破坏，则该社区被标记为黄灯，该指示灯会显示在 EOC 以及电脑屏幕上，以便每个人都知道各机构的优势和劣势及其需求。

该系统创建了社区及其即时需求和能力的态势感知。根据这些指示灯，可以开始给初期作战行动设置优先级。例如，虽然消防部门中有一些消防站显示为红灯，但他们的单位和人员依然能够开展响应行动。同时，如果公共工程部门因为供水系统受到严重破坏而显示为红灯，那么民众将没有饮用水，即使消防部门有可用的人员和装备，也无法开展灭火行动。

供水系统受损将成为管辖区最关键的问题之一，因为它会影响民众和主要部门的行动能力，从而可能产生公共健康和安全问题。比如说，公共工程部门维修和恢复供水系统需要 48 小时，那么当前第一要务就是该部门的需求，比如当地是否有恢复供水所需的人力和设备？如果没有，那么需要从社区外请求哪些类型的设备和人员支援？此外，还必须解决公众的缺水问题，因此必须提出供给饮用水的请求。

通常地震等事件后出现的问题更大更复杂，上面只是一个简化的例子，但它很有启发性，它提供了一种参考，告诉我们如何使用该系统，从而能快速确定社区的需求以及优先级。随着需求的物资、设备、人员和资源不断从外部输入，最关键的问题将可以得到解决。一个简单的 Excel 电子表格或带有标记的白板，就可以用来跟踪所有这些问题，由于使用了简单的信号灯标识，任何走进 EOC 的人都可以立马了解行动的状态和进展情况。

在这张图表（图 4.2）中，任何人只要看一下评级，就可以立即看到存在的主要问题。这种能力和需求的可视化可以使人们理解当前的状况，这是帮助人们清楚优先事项并做出决策的基础。它带来的进步是明显的，而且人们的关键行动可以根据需要随时进行调整。因此，用易于理解的可视化方式展示复杂且不断变化的事件，能帮助我们建立一种态势感知，这对灾害响应十分重要。

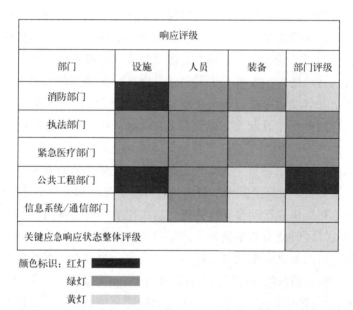

图 4.2　灾害后绿灯系统运行示意图

4.2　作战图

所有灾害响应的基本原则都要求首先初步评估事件形势，然后制定行动计划，最后执行该计划。如果要让应急管理者遵守这些原则，就必须以某种形式向他们提供行动信息，以帮助他们迅速掌握不断变化的行动影响因素。瞬息万变的作战环境，要求应急管理者能够在事件发生时快速、频繁地改变作战行动。信息的显示方式不仅要能够展示事件发生的地点，还要能够展示正在使用的资源和已经取得的进展情况。在社区地图上标识遭受的破坏、关键的基础设施和可用的资源之间的空间关系，对于理解复杂的行动以及建立态势感知至关重要。同样，军方已经为每一个可能的行动开发了一个大型的符号库，以便能够建立这样一种持续的态势感知。以下是对其中一些基本系统原则的调整，以使其适应灾害行动。

图4.3展示了社区希望在行动期间跟踪其状态的两种关键基础设施类

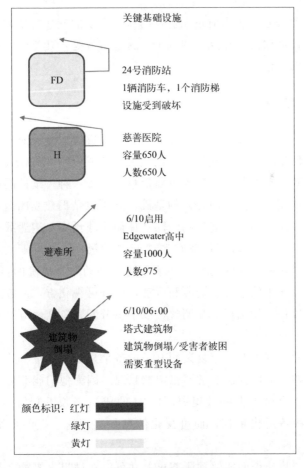

图4.3 决策图符号

设施和事故符号:方形是永久性设施,圆圈是临时设施,星形是正在发生的事故型，即消防站和医院。

24号消防站由于设施损坏，在绿灯系统中显示为黄灯。箭头指向它的确切位置，医院的图例也是如此。医院与其他公共安全设施一样，都是灾害响应的一部分，因此有必要跟踪医院的状态。在这个案例中，医院虽然已经满员，但还能够正常开展应急响应工作，没有需要解决的关键需求。此外，社区还希望跟踪临时设施（如避难所）的状态。

该避难所建在 Edgewater 高中，于 2010 年 6 月 10 日启用，最多可容纳 1000 人，该高中现有 975 人。绿色填充表明该避难所没有未满足的需求。圆圈符号可用于表示所有临时设施或其他类型的响应行动，如分发点。

每个行动符号表示当前正在进行的一个主要的现场行动，并使用绿灯系统显示其行动状态。在这个图例中，这起事故是：建筑物倒塌，受害者被困，急需重型设备。

4.3 可视化

将这些符号标注在地图上，就成为了整个灾害以及应对灾害所需的资源和行动的情景模板。这些符号不仅代表资源或设施，还代表行动以及整体计划中这些行动的状态。这为重要信息提供了一种持续性的评估，这些信息构成了通用操作图（COP）的基础，并可以帮助建立团队态势感知。

还记得军队里的那句老话吗？即"任何作战预案在遭遇敌人后都会失效"。同样，任何民用救灾预案在遭遇飓风的第一个雨带后也都会失效。为了正确应对快速变化的情况，必须创建一种动态且准确的可视化方式，来展示正在发展中的事件、资源和行动，这种可视化方式使应急管理团队能够在响应过程中做出反应和调整，以重新分配资源从而应对不断变化的情况。

航空交通管制员有一套复杂的电子设备来显示当前空中的情况，使用这些符号能够帮他们控制非常不稳定的状况，因为他们能够可视化并处理这些信息。在应对灾害的过程中，EOC 的成员必须不断努力更新信息，以为他们的决策提供依据，而可视化信息是实现这一点的最快、最好的方式。

绿灯系统将使他们能够预测需求，并可以在被提出要求之前开始准备满足这些需求。如果他们学会开发一个可视化系统，当形势的复杂性和规模增加时，他们将可以更好地理解那些最关键的需求，并且集中资源去满足它们。

要记住，过多的图、表和电子化表格只会让情况更加复杂。太多的背景不清和重要性情况不明的信息只会让人感到困惑。绿灯系统则会以一种参与者能够快速理解的方式，只展示任务中最关键的信息及其优先级。

该系统足够灵活，因此任何社区都可以对它进行调整，以满足自己的需求。如果社区认为必要，它既可以使用更复杂的颜色代码来进行评估和标注，也可以使用更简单的颜色代码。总之，该系统的目标是创建一个容易理解的可视化方式，来展示资源、行动和它们的状态。

第 5 章
应急救援行动中心

应急救援行动中心（EOC）是指：在一个社区内，将所有决策的基础设施整合成一个房间或一组房间，让社区将注意力集中于灾害造成的最关键的问题上。这意味着，所有人平时习惯的正常办公室或者官僚组织机构都将取消，并将在这些房间里进行重建。从民选官员和任命官员到现场行动负责人，每个人都要融入一个新的环境中，以便在一个时间、一个地点拥有所有必要的领导力和专业知识，以便做出正确的决策并加以实施。

EOC 可以采用多种形式建立，从紧急搭建的会议室到专门的独立设施，两者都可以作为 EOC 很好地运行。这完全取决于该设施如何配备设备，以满足那里的工作人员的需求。在其他章节中，本书还将介绍应对灾害所需的培训和新型组织，在这一章，将着重介绍支持那些决策系统运行所需的装备和设施。

如果向 EOC 报告信息的人没有执行相关任务所需的工具，无论他们受过怎样良好的培训或准备得多么充分，那么应急响应行动也会受到影响。一个社区不必有专门的超现代化设施来完成这项任务，虽然这是最理想的，但对大多数社区来说这几乎不可能拥有。因此，为了满足应急行动参与者的需求，我们只能退而求其次，虽然这需要相关部门的通力合作，并发挥各自的主观能动性，但这是能够实现的。

正如前文所述，应急管理活动是压力条件下的信息管理活动。EOC是将所有信息进行收集、分类、排序、呈现和执行的地方，是社区领导层进行信息管理和指挥控制的工具。信息传递、组织和呈现得越好，领导层就越能做出更好的决策。因此，可以将 EOC 视为一个信息和决策中心。这完全依赖于通信和信息系统，因为它们能连接社区所有其他部分。如果没有这些系统，EOC 将无法了解灾害情况，也无法做出所需的决策。因此，EOC 最重要的系统就是通信和信息管理系统。

将教室作为 EOC

我所在社区的第一个预先规划好的 EOC，是在该市警察总部和监狱里设立的一些培训教室。该设施自带有高度的安全性和备用发电机，因此它直接满足了两个必要条件。警察局非常乐意把教室借给我们，但有一个规定，就是无论我们做什么，都不能妨碍他们每天使用教室。它们被广泛用于官员的在职培训和重要的团队会议。我们答应了他们的要求，但这意味着我们在应急响应行动过程中需要的任何设备都不能存放在房间里，我们必须把设备存放在其他地方，如果我们在行动之前有时间，还需要将这个房间重新设置为EOC。考虑到我的管辖区位于佛罗里达州，最有可能发生的灾害就是飓风，所以对我们来说，重设EOC在时间上还是来得及的。

一旦我们知道飓风会在哪里出现，我们就需要与信息部门共同确定需要什么，从而将教室转变为一个可以工作的EOC。我们大致知道需要什么，但各部门在具体业务方面的专业知识同样至关重要。由于我们没有资金来购买所需的资源，所以我们将不得不从其他渠道获得资金。因此，我们需要了解，在没有额外资金的情况下，现有的信息系统可以做什么，并确定完成EOC的建设还需要什么，这是至关重要的。

我们可以确定，每个应急支持工作组（ESF）都需要电脑和电话，还要视频投影仪、有线连接和电视，用来监控当地和全国最新的情况，需要的东西还有很多，但这些是最基本的。信息部门的人员可以在无需外部资金的情况下，在教室里连接一套带有专用号码的电话，这样，每个ESF都将拥有自己的电话号码。这些电话可以存放在警察总部的地下室，将它们放在离EOC更近的位置。

接下来，在信息系统的辅助下，我们制定了计算机和投影仪的技术规范。然后我们申请并获得了拨款来购买设备，为每个ESF购买了一台笔记本电脑。当时我们没有EOC软件，因此，信息管理部门将笔记本电脑分配给每个ESF，就好像每个ESF是一个工作人员一样，并在该市的内网上给它指定一个地址。这样一来，谁坐在ESF的办公桌前并不重要，因为所有消息都只是发送给相应的功能模块，而不是发送给相应的个人。我们将该城市现有的电子邮件软件当作EOC的软件，虽然并不理想，但勉强可以使用。我们不需要专门的服务器，因为警察总部离市政厅只隔了几个街区，而市政厅是该市网络的主要服务器所在地。我们有多个备用的网络连接，所以即使失去了一个网络连接，也还有其他的备份，我们还能继续使用笔记本电脑。笔记本电脑和手机存放在一个货架上，需要使用时可以直接整体带到教室。我们在教室里安装了固定的视频投影仪和电视，因为警察局在平时培训中也可使用这些附加设备，对此他们很高兴。

因此，只需少量的外部资金和政府机构的大力支持，我们就拥有了一个相当不错的EOC。通过与信息部门的合作，我们确定他们至少需要12小时来重新配置房间，以用作EOC，这成为了我们应对飓风的标准程序之一。何时通知信息部门为EOC做好准备是一个关键的决定，因为一旦启用EOC就需要钱（通常都要支付加班费），同时，警察也将因此而无法使用教室。所以，我们不能轻易做出启动EOC的决定，我们必须权衡启动EOC导致的经费开支与不便和飓风袭击的确定性之间的关系——飓风袭击很少是确定的。这几年来，这个安排足以满足我们的需求，因为它成本很低，在当时，这对我们来说是一个很好的解决方案。在我的顾问职业生涯中，我在全国各地的农村和郊区都看到了同样的安排，考虑到威胁他们社区的灾害及类似事故的数量，他们也觉得这可以满足他们的需求。

无论是在我自己的社区，还是我参观过的其他社区，最后，我对于这个设置的观察结果是：如果地方官员参加过应急培训或真实的应急响应，并参与过这个设施中应急行动的组织和运行，那么他们也会做出同样的决定，因为他们需要更加固定的设施。几乎所有人都希望为EOC建立一个更加固定和专业的设施。在我看来，虽然他们没有跟我分享过自己的理由，但是他们都意识到，在灾害期间会非常依赖EOC作为他们的指挥工具。

5.1 EOC 的硬件配置

在确定 EOC 的硬件配置时，有许多因素需要考虑。EOC 的规模和配置必须满足其所服务的社区需求和所需的人员数量：

- EOC 的每名工作人员至少应有 50～85 平方英尺的使用面积。
- 非常重要的一点是，必须有离 EOC 足够近的会议室，这样，ESF 就可以在不受 EOC 的噪声和其他干扰的情况下进行协商讨论。
- 也应该为政府官员和其他政策小组成员设立一个单独的房间。它需要与行动大厅拥有相同的信息源，以使他们能够及时了解情况。

要确保残疾人能够进入该中心，EOC 应该遵循《美国残疾人法案》中规定的相关规则和条例。

每个 ESF 都需要一张单独的或一张与其他人共用的桌子，以及一个电话和入网接口。此外，还需要有线电视或带有卫星天线的电视，这样就可以监控各个电视频道。EOC 内也应有能投放电视或电脑屏幕的视频投影仪，确保所有计算机都可以访问互联网，如果您所在的社区有内部网，也应该有权限访问。

EOC 必须要有该社区的所有通信系统，包括无线电通信、计算机系统，以及联系其他社区的通信系统。EOC 的通信系统应该与为其服务的通信系统一样好用。EOC 是一个信息处理中心，用来确保决策者能够做出正确的应急决策。如果没有合适的信息沟通，EOC 将变成一个无用的房间，里面坐满了一群束手无策的决策者，大家谁也不知道需要做出什么决策，也无法执行已经做出的任何决策。计算机系统应包括社区的地理信息系统（GIS），这些 GIS 功能应包括显示或打印 GIS 图层的能力，具体主要包括如下内容：

- 主要道路交通网
- 沿海社区设立的疏散区（包括灾害发生期间设立的）
- 避难所
- 人员聚集生活设施
- 社区居民委员会
- 日托中心
- 县监狱
- 供电服务站
- 电话服务站
- 信号塔位置
- 下水道管理站
- 次区域废水处理厂

- 电梯站位置
- 公园和公园区域
- 图书馆
- 社区政府所有资产
- 学校
- 行政区分界线
- 民选官员管辖区
- 每个普查区的人口数量
- 每个普查区的住房情况
- 社区邮政编码
- 未来计划用地
- 社区网格
- 规划区

在规划、建设和装备 EOC 时，安防措施应该是其中的一个组成部分。安防措施意味着对安全性、稳定性和便利性进行规划。建筑的设计应考虑到抗毁性和可操作性。有几种方法可以实现建筑的抗毁性，包括加固设施、将设施建立在已知风险区域之外、在备用位置建立备用设施、在备用位置构建设施的搬迁能力，或者构建使设施能够远离威胁的搬迁能力。

EOC 的硬件配置应使得所有相关部门或机构能够进行密切、持续的合作，并可以采取立即、积极的行动。通常情况下，在 EOC 需要几个职能部门协调运作，如信息收集（计划组）、行动控制（导调组）、行动人员和市民后勤保障（后勤组），以及获取与灾害相关的所需的管理细节（管理组），见图 5.1。

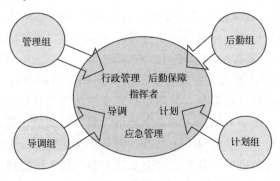

图 5.1　应急救援行动中心功能布局

在设计 EOC 的功能布局时，请记住以下几点：

- 应急管理者所在的位置应能及时了解当前情况并管理应急行动。他们可以位于行动大厅，并配有通信设备与合适的显示器。其他人可能更喜欢留在中心位置，但与其他团队相对分开。
- 那些职能业务对接紧密、代表着外部机构或直接相互支持的 ESF 都应该安排在一起。例如，公共工程 ESF 和能源 ESF 可能是安排在一起的。
- EOC 的工作小组应安排在与其行动相关的显示器附近。这样可以便于发布信息和随时查阅信息。
- 需要通过通信设备开展工作的机构必须能够正常使用这些通信设备。在某些情况下，建筑物的加固结构可能会干扰设施内外的无线电通信，所以有必要将他们安置在能够使用无线电的位置。
- 需要考虑到噪声等级问题，所以尽量在办公室或职能部门之间留出足够的空间，以减少他们之间的相互干扰。

笔者多年来在很多这种设施中从事过的工作经验表明，EOC 是我们能想象到的声音最大且最繁忙的工作环境之一。不只是那些噪声，我们还要解决影响自己社区、朋友和家人的种种困难，因此，我们创造了一个我们能想象到的压力最大的环境。因为有太多的人使用太多不同的方式互相交流，从而导致我们根本无法很好地控制那些噪声。对于那些需要安静工作环境的团队，满足他们需求的最好方式是给他们一个独立的办公室。如果你正在建造一个独立的 EOC，那么，你要么建造一些内部会议室，要么额外建造一些独立会议室。

5.2 建立 EOC 的组织结构

EOC 的组织结构有很多种变化，而每种情况都是独特的。灾害或紧急情况的类型和规模，将决定在应急管理中所需的人数和组织规模。ICS 或 NIMS 中没有规定，必须使用所有职能部门（座席）或 ESF。相反，可以将 NIMS 和 ICS 视为搭建所需组织类型和规模的模块。因此可以根据你社区所面临的具体事件，只使用所需要的角色及其职责，这一点怎么强调都不过分。太多人以为，如果你使用任何一种系统，那么你必须任命其中所有的角色，这是绝对不正确的，而是应该使用符合常识以及你和所在社区所需要的角色。综合对比两个系统来看，笔者坚定地认为，只需要使用 ICS 中的四个主要部门——管理、后勤保障、导调和计划来组建

ESF，并给各工作组指派一个协调人员。

确定你的 EOC 的响应等级。响应等级取决于事件的类型和规模。在佛罗里达州，有 3 个官方响应等级：三级响应是正常的日常监控；二级响应是部分响应，即只需部分 ESF 报告情况；一级响应是全员响应，即所有 ESF 和人员需要进入战备。笔者在其管辖范围内对这些标准稍作了修改，并将 EOC 的响应等级作为全社区的响应等级。三级响应是监控等级，因为飓风会给我们很长的准备时间，我们可以发布三级响应，并根据最新的飓风动态实时发送电子邮件。这并不是过早地发出不成熟的警告，而仅仅是提醒大家引起注意，在不久的将来他们可能必须采取一些防灾措施。很多时候天气预报会更改，我们也可以根据情况取消警报。有些时候，我们需要进入二级响应，这意味着一些 ESF 需要向 EOC 报告情况，并且开始监控飓风情况。一级响应是全员响应。笔者虽然很想，但从来没有机会因为某个特别的事件而使用二级响应，即只启用部分 ESF。因为所有人都习惯只需要部分响应的二级响应，我们知道他们对于这个响应等级感觉非常适应。如果你确定了响应级别，那么就要确保它们与你所在州的响应级别相匹配，因为它会为你的响应声明增加合法性。图 5.2 是应对

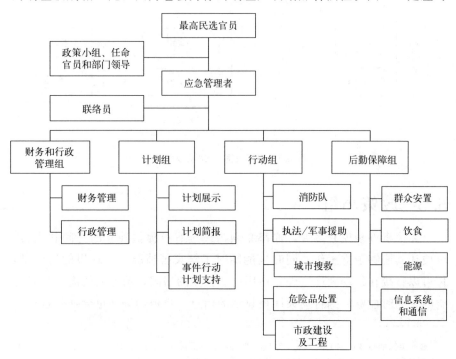

图 5.2　地方 EOC 组织结构

重大灾害的一个典型的 EOC 组织结构图。

　　如果在你所管理的县管辖范围内有多个市或镇❶，在重大事件发生期间必须协调这些市或镇，那么应该在你的 EOC 中给这些市或镇代表设立席位。通过在 EOC 内指定代表，可以使你对他们的问题形成一个连续的行动画面，这将比通过通信联络更加准确。图 5.3 很好地说明了这一模式。在笔者撰写本书这一部分时，2011 年 4 月的大规模龙卷风刚刚结束。在整个社区南部的一个又一个县都面临着规模罕见的破坏。无论 EOC 准备得多么充分，每个县的协调工作仍然十分艰巨。行动的复杂性问题只有通过各级政府的组织与合作才能克服。

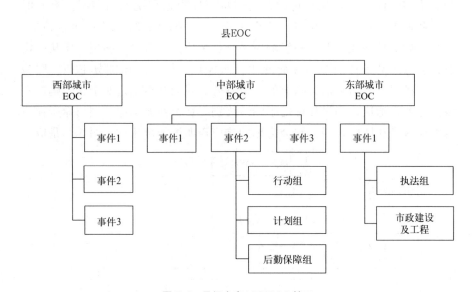

图 5.3　县级灾害 ICS/EOC 接口

5.3　政策小组

　　无论事件规模有多大，你都必须为民选官员提供独立的空间和人员，以便让其能够独立工作，同时也能随时了解灾害情况。最理想的情况是，你可以直接在行动大厅之外，使用一个独立的房间，给他们所需的私有空间，同时能够看到行动大厅里显示的信息。将他们分开也会强化这样一

------

　　❶　美国的行政区划大概分三个级别：州（states）、县（county）、市（city）或镇（town），每个州下辖多个县，每个县下辖多个市或镇。——译者注

个实际效果，即民选官员及其政策小组处在更高的级别，需要让行动大厅的人专心工作。因为很多人在民选官员面前干工作感觉不自在，这只会给已经很紧张的环境增加压力；同时，民选官员也想让自己看起来是现场的最高层。通过将他们独立在行动大厅之外，可以同时满足双方的需求。

5.4 新闻发布室或中心

在你设计 EOC 时，你必须为媒体和新闻工作者指定一个区域或房间。可以是一个单独的房间，专门满足他们的需求，这是最理想的，或者也可以是一个单独的区域。由于你将会定期举行新闻发布会，这块区域将给他们提供一个集合并架设设备的设施。最理想的情况是，新闻发布室或中心可以在行动大厅设置一个窗户，以便他们能够看见行动大厅里的工作状况。笔者第一次看见这个是在佛罗里达州的 EOC，在州长召开新闻发布会时，在他的身后，你可以看见行动大厅里的人正在忙碌的场景。这提供了一个很好的视觉效果，来增强州长讲话的感染力。因此，当笔者的司法管辖区在建造正式的 EOC 时，笔者确信设计方案里需要设置一个相同类型的新闻发布室。在飓风灾害响应时，它确实为笔者的新闻发布会提供了想要的视觉效果。

5.5 通信/信息中心

建立一个向公众提供公开号码的通信/信息中心，是管理公共信息和接收工作反馈的关键之一。向公众提供一个明确指定的公开电话号码，不是 911，而是一个处理灾害信息，或用来报告非紧急问题的号码。它为公众提供了与真人对话的机会，而不是只能通过互联网或公告与官方交流。虽然不是每个人都需要这种类型的沟通，但总会有一些人喜欢这种能够直接从真人那里获取信息的方式。信息中心的工作人员必须及时了解各个分发点的最新信息，以及人们可以在哪里、通过何种方式寻求额外帮助。因此，信息中心可以作为灾害中很重要的信息共享和汇集点。

5.6 安全

EOC 的安全确实是一个需要关心的问题，不是因为它会受到恐怖分子的袭击，而是为了控制进出该设施的人员流动。无论是必须在现有设施条件下使用临时改装的房间，还是能够从一开始就建立一个单独的 EOC，都要考虑如何提供安全保障。笔者所说的安全是指，应该监视和控制哪些人、什么时候可以进入该设施。那些需要向 EOC 汇报的 ESF 的人，理想状况下，应该在授权人员名单中或在培训课程后获得准入资格。如果是一个重大事件，需要报告情况的人将会比初始名单的多，必须有人负责跟进人数的增加情况，并检查他们的证件。处理这一问题的理想机构是对 EOC 有管辖权的地方执法部门。因为，光是执法部门的存在就是一种权威，它能威慑那些试图虚张声势进入该设施的媒体和公众人士。考虑到不同灾害类型，这并不总是能够实现，因为那些执法部门可能无法腾出人员来承担该岗位的工作。因此，我们必须有一个备用计划，以便有人承担安全工作，控制该设施的人员出入。

5.7　配备 EOC 的工作人员

尽可能将人员分配到与他们日常工作中类似的岗位。不要试图将可能没有接受过 EOC 培训的人员安排在 ESF 中，因为 ESF 的工作内容与他们日常负责的工作不同，而他们只接受过普通培训。如果必须将未经专业培训的人员分配到 ESF，请指定一名经过 ESF 培训的人员作为联系人，以帮助新员工快速融入新环境。

EOC 应能提供吃住等这些最基本的个人生活保障。灾害期间，EOC 将在数天甚至数周内，每天 24 小时开放运行，并在后续数周内按时段开放。因此必须为该中心的工作人员提供餐饮，并要让每一位用餐的人在用餐记录上签字，以留作可能需要的报销凭证。

要重点强调的是，为 EOC 的工作人员提供优质的饮食是很重要的。因为，他们需要离开家人，待在一个小小的房间里处理管辖区出现的问题。如果你想让工作人员处于最佳的工作状态，就需要为他们提供营养丰富的食物。许多人可能几天都不能离开大楼，需要就地休息，坚守岗位。因此，优质的食物不仅能鼓舞他们的士气，更能保证他们充沛的精力。

不要选择自动售货机提供食物。相反，要尽量为工作人员提供营养均衡的膳食，并提供营养丰富的水果作为零食。这些食物将帮助他们在长时间的高压条件下维持正常的工作和生活。此外，要给他们提供健康的饮料，如水、佳得乐、果汁，或其他能为他们长时间坚守岗位提供能量的饮料。不要依靠大量的咖啡和含有咖啡因的饮料，尽管它们能起到提神作用，但随着咖啡因的效果逐渐消失，最终还是会导致人的精神崩溃。

为了提供健康的饮食，必须在其他任何活动开始之前做好饮食安排。可以在社区内雇佣一个小贩或志愿者来提供饮食保障，他们必须有过为大量人员提供保障的工作经验。必须为该项服务留出预算，并且制定实施计划，因为这将是你在灾害处置过程中最不想要操心的事。

三个飓风季

2004 年，我的社区在几周内遭遇了三次飓风袭击，每次飓风之间相隔的时间很短。那时候我在一个 ESF 工作，这是我第一次在消防站而不是在管理室里工作，这对我来说是一次重要的学习经历。

第一次飓风袭击以后，EOC 为我们提供了在那种环境下我们能要求的最好的食物。这次的餐饮服务主要由志愿支援县雇人提供，他们在 EOC 没有任何职务安排。由志愿支援县购买食材，志愿者们负责准备食物。坦率地说，这是我们能够拥有的最好的鼓舞士气方式。三次飓风中的第一次也就是查理（Charlie）飓风，是其中最严重的也是最具破坏性的一次。我能确定，EOC 里没有任何一个人可以在家做出这么好吃的食物，而就是这几顿好吃的饭菜，确实能够提高大家的士气和工作效率。

第二次飓风袭击时，我们才刚刚清理完查理飓风所造成的破坏，我家也刚刚恢复供电。虽然这次没有查理飓风那么严重，但是我们还是回到了 EOC。这次的食物和保障方式跟第一次截然不同，这导致我们的工作士气和效率有所下降。我们向 EOC 报告情况似乎变得更难了，这不仅仅是因为我们面临了另一场风暴，而是因为我们感觉第二次行动没有像之前那么得到重视。

第三次飓风袭击时，我发现我们拿到的只是一些敷衍了事的食物，这些食物成为了我们吐槽的对象。在外面正遭受灾害的情况下，我们在屋里的这种表现好像显得有些斤斤计较，但是我从中吸取了重要的经验教训。你需要给那些 EOC 里的人提供与外面现场救灾的人员相同的待遇,如果要让他们在最艰难的环境下干好工作,那么满足他们的个人需求是非常重要的。对我们许多人来说,这是飓风期间我们唯一像样的一顿饭,如果你要让他们离开家庭,在灾害期间帮助他人,那么就要让他们感到被重视。提供好的、有营养的食物,是一种表示重视及感谢的最简单、最有效的方式。如果财务部门问你为什么花这么多钱,你就告诉他,这些开销都将以高效的行动和出色的表现来体现它的价值。

要保证 EOC 的人维持最好的工作状态,另一个重要的需求是睡觉的条件。很多人可能几天都不能离开这个地方,直到行动的节奏有所缓和。他们必须有地方可以休息,因为 EOC 是一个非常嘈杂和忙乱的环境,夹杂着收音机的响声、电话铃声、不间断的电视报道,以及大量处理不同问题的人发出的声音。如果有些人调班了但又不能离开 EOC,他们就需要休息的地方。

最理想的情况是,你需要在 EOC 有一间宿舍,但考虑到空间和资金有限,这几乎是不可能的。一个简单而有效的解决方案是,使用大楼内其他可用的一个办公室作为指定的宿舍。简单的解决方式是保持房间的照明灯始终是熄灭的,因为在 24 小时连续行动的情况下,睡眠时间也是不间断的。理想情况下,应该在每个隔间放一张单人床,以便他们能够使用自己的枕头和睡袋,也有私人空间。一个简单的要求就是不要在房间里说话、大声播放音乐或看电视,这样你就有了一个工作宿舍。笔者在这样的宿舍里住过几个晚上,效果很好。在轮班的时候或在灾害缓解时,好的休息条件可以为工作人员的效率提高带来意想不到的效果。在你制定 EOC 的任何计划时,都要包括安排宿舍的计划。

5.8 结论

EOC 是一套专用的、复杂的设施,它可以由任何会议室或教室改造而成。为把它建成灾害期间社区所需设施的关键是,要在行动之前进行规划、组织和培训。如果没有这些努力,无论该设施建设得多么完备或简陋，都不是你们社区所需要的。这归结为两个因素：一个是 EOC 里参与行动的人准备得有多充分，另一个是你准备得有多充分，可以为他们提供多少工作所需的设备和辅助决策支持。所以，要做好必要的准备，来保证能够为你的社区提供最好的 EOC。

无论工作人员为迎接挑战准备得多好，EOC 都是一个艰难而充满压力的环境。在应急行动中不要忘记这一点：虽然他们远离救灾现场，但并不意味着他们不需要满足自己的需求。因为他们离开家人来到这里，可能都不知道自己的财产或家人的情况。

本章附录

F5.1　FEMA 的 EOC 建设需求清单

以下内容包括联邦紧急事务管理局（FEMA）创建的 EOC 建设需求清单，目的是为各州和各地方政府设计新 EOC 或评估现有 EOC 提供指导。这是一份详尽的清单，并不是所有司法管辖区都有条件建设这样一个完备的设施，但它对于规划和评估所有 EOC 来说，都是一份宝贵的参考文件。该清单旨在成为一个包含全面内容的建设指南。

清单首先提出了 EOC 或备用 EOC 设施应该具有什么特征这个问题，然后阐述了其具有抗毁性、安全性、可持续性、交互性和灵活性等特征。这份清单可以用于州或地方 EOC 的建设。因此，根据 EOC 的类型（州或地方级的）或功能性质（专用或备用）的不同，一些问题可能需要不同的答案。

F5.2　设施特征

设施——检查 EOC 的如下特征：选址、结构、可用空间。EOC 考虑的空间主要是指活动区域、会议室、通信中心、安全通信室和多功能场地。多功能场地是指非专用于 EOC 活动的空间，但可以在重大灾害或灾害数量激增情况下迅速投入使用，以满足 EOC 对更多使用场地的要求。

F5.2.1　专用 EOC

- 是否有 EOC？
- EOC 是在城市、郊区还是农村？
- EOC 是否靠近政府中心（例如：市政厅、县法院、州首府等）？
- 政府行政主管/主要官员是否有进入 EOC 的快速通道？
- 如果紧急情况升级到 EOC 当值团队无法处理的程度，是否有额外的政府人员可以随时进入设施以扩大 EOC？
- EOC 是否位于中心位置，对管辖区内任何位置出现的事件都能够快速做出响应？
- EOC 所在的区域是否能避开交通拥堵（即交通堵塞，如道路、桥梁等不足）或倒塌建筑物的废墟？
- EOC 是否位于结构完整的设施内？它是否位于一个可以迅速得到

保护的区域？

- EOC 是否位于已知的高风险区域，例如，洪水、地震、核电站、危险物质（Hazardous Material，HAZMAT）设施等？如果是，请解释原因。并考虑是否有降低风险的计划？
- EOC 是否位于交通发达的道路网附近以方便进出？
- EOC 是位于建筑物内（地下室、一楼、上层），还是位于地下的"避难所"内？
- EOC 所在建筑物/避难所是否靠近或远离绿化带？
- 建筑物/避难所是否有足够的停车位？停车位是在停车场还是车库（在地上或地下）？
- 建筑物/避难所是否有足够容纳直升机停机坪的空间？周围区域的障碍物是否已经清理干净，以便直升机接近并降落？
- EOC 是否处于政府所有或租赁的设施内？
- EOC 是拥有自己的建筑物/避难所，还是与其他组织共用一栋建筑物/避难所？比如，州或当地警察总部、紧急医疗服务设施、国民警卫队军械库、商业大楼。
- EOC 的场地是专用的（仅用于 EOC）还是多功能的（非专用）？（多功能场地通常是日常使用的办公室、行政或会议区域，可用于支持应急响应和管理行动。需要用于响应时，日常工作人员会转移到其他地方办公）
- EOC 是一个单独的大房间还是一个综合体？例如，由几个房间共同组成 EOC？
- 无论是在一个大房间还是综合体，EOC 是否有足够的空间？用于活动区域（执行应急响应和管理功能）、会议室/新闻发布室（用于会议和新闻发布会）、通信室［用于集中传真、无线电和视频电话会议（video teleconferencing，VTC）］以及安全通信（安全语音、传真和 VTC）？
- EOC 是否有专门的活动大厅？空间是否足以支持应急响应并容纳 EOC 的工作人员？
- EOC 是否有专门的会议室/新闻发布室？会议室大小是否足以支持会议和新闻发布会？会议室能否与活动区域隔开，以使新闻发布会不至于干扰正在进行的应急行动？

- EOC 是否有专门的通信/信息中心？通信/信息中心的大小是否足以满足 EOC 的通信要求？
- EOC 是否有安全通信室？它的空间是否足以容纳安全通信人员，并满足安全通信的要求？
- EOC 是否有指定的多功能场地？这个场地的大小是否足以支持行动的升级？该空间是否随时可用？
- EOC 能否支持在重大灾害或灾情急剧恶化情况下增加其他联邦或州的工作人员？
- 如果没有，是否可以重新进行配置，或者是否有计划来提供必要的空间？

F5. 2. 2　备用 EOC

- 是否有备用 EOC？备用 EOC 是在城市、郊区还是农村？
- 备用 EOC 是否靠近政府中心（例如：市政厅、县法院、州首府等）？
- 政府行政主管/主要官员是否有进入备用 EOC 的快速通道？
- 如果紧急情况升级到 EOC 当值团队无法处理的程度，是否有额外的政府人员随时可以进入以扩大备用 EOC？
- 备用 EOC 是否位于中心位置，对管辖区内任何位置出现的事件都能够快速做出响应？
- 备用 EOC 所在的区域是否能避开交通拥堵（即交通堵塞，如道路、桥梁等不足）或倒塌建筑物的废墟？
- 备用 EOC 是否位于结构完整的设施内？它是否位于一个可以迅速得到保护的区域？
- 备用 EOC 是否位于已知的高风险区域，例如，洪水、地震、核电站、危险物质（HAZMAT）设施等？如果是，请解释原因。并考虑是否有降低风险的计划？
- 备用 EOC 是否位于交通发达的道路网附近以方便进出？
- 备用 EOC 是位于建筑物内（地下室、一楼、上层），还是位于地下的"避难所"内？
- 备用 EOC 所在建筑物/避难所是否靠近或远离绿化带？
- 建筑物/避难所是否有足够的停车位？停车位是在停车场还是车库（在地上或地下）？

- 建筑物/避难所是否有足够容纳直升机停机坪的空间？周围区域的障碍物是否已经清理干净，以便直升机接近并降落？
- 备用 EOC 是否处于政府所有或租赁的设施内？
- 备用 EOC 是拥有自己的建筑物/避难所，还是与其他组织共用一栋建筑物/避难所，比如，州或当地警察总部、紧急医疗服务设施、国民警卫队军械库、商业大楼？
- 备用 EOC 的空间是专用的（仅用于 EOC）还是多功能的（非专用）？（多功能场地通常是日常使用的办公室、行政或会议区域，可用于支持应急响应和管理行动。当需要用于应急响应时，日常工作人员会转移到其他地方工作）
- 备用 EOC 是一个单独的大房间还是一个组合房间？例如，由几个房间共同组成 EOC？
- 无论是在一个大房间还是综合体，备用 EOC 是否有足够的空间？用于活动区域（执行应急响应和管理功能）、会议室/新闻发布室（用于会议和新闻发布会）、通信室（用于集中传真、无线电和 VTC）以及安全通信（安全语音、传真和 VTC）？
- 备用 EOC 是否有专门的活动大厅？空间是否足以支持应急响应并容纳 EOC 的工作人员？
- 备用 EOC 是否有专门的会议室/新闻发布室？会议室大小是否足以支持会议和新闻发布会？会议室能否与行动区域隔开，以使新闻发布会不至于干扰到正在进行的应急响应行动？
- 备用 EOC 是否有专门的通信/信息中心？通信/信息中心的大小是否足以满足 EOC 的通信要求？
- 备用 EOC 是否有安全通信室？它的空间是否足以容纳安全通信人员，并满足安全通信的要求？
- 备用 EOC 是否有指定的多功能场地？这个场地的大小是否足以支持行动的升级？该空间是否随时可用？
- 备用 EOC 能否支持在重大灾害或灾情急剧恶化情况下增加其他联邦或州的工作人员？
- 如果没有，是否可以重新进行配置，或者是否有计划来提供必要的空间？

F5.3　抗毁性

抗毁性——能够承受预期内潜在风险的影响，并在 EOC 或具有全部功能的备用地点继续开展响应行动（例如：如果专用 EOC 被摧毁、破坏或不可用时，还有一个备用 EOC 可以使用）。

F5.3.1　专用 EOC

- EOC 是否位于已知的高风险区域？例如：洪水、地震、核电站、危险品场所等。
- EOC 是否可以承受相关风险的影响？例如：自然和人为危害。
- EOC 是否具有提高其抗毁性的特殊结构功能？
- EOC 是否具有应对化学、生物、放射或核物质的集成防护系统？
- EOC 是否具有免受爆炸影响的保护措施？EOC 是在一层、楼上还是地下楼层？

F5.3.2　备用 EOC

- 是否有确定的备用 EOC，以确保行动可持续（COOP）？
- 备用 EOC 是否位于已知的高风险区域？例如：洪水、地震、核电站、危险品场所等。
- 备用 EOC 是否可以承受相关风险的影响？例如：自然和人为危害。
- 备用 EOC 是否具有提高其抗毁性的特殊结构功能？
- 备用 EOC 是否具有应对化学、生物、放射或核物质的集成防护系统？
- 备用 EOC 是否具有免受爆炸影响的保护措施？EOC 是在一层、上层还是地下楼层？

F5.4　安全性

安全性——防范潜在风险，并防止未授权的敏感信息泄露（例如：具有足够的安全性和结构完整性，以保护设施以及它的使用人员、通信设备和系统免受相关的威胁和危害）。

F5.4.1　设施

- EOC/备用 EOC 是位于城市、郊区还是农村？

- EOC/备用 EOC 是否使用了硬件安全措施（障碍、监控摄像头等），这些硬件安全措施是否够用？
- 需要哪些安全功能，例如：出入控制、障碍、安全区域或监控？
- 怎么控制 EOC/备用 EOC 的人员出入？是使用证件还是刷卡系统？是否足以控制 EOC 的人员出入？是否足以控制中心内不同区域之间的人员出入？
- 有需要的员工是否可以 24 小时进入 EOC？
- 是否有出入控制系统（门禁卡、电梯和上锁的楼梯井），如果系统停止运行，是否会妨碍进出？如果妨碍，是否有确保能够进入的备用方案？
- 安全功能是否能够随着威胁的升级而升级（例如：更多的障碍、更多的监控和额外的警卫)？
- 讨论机密和/或非机密但敏感的信息的区域是否能够隔离未授权人员？
- EOC/备用 EOC 是否有现成的安全通信室/区域？它是否满足 FEMA 的安全要求？它的大小（面积）是否够用？
- 如何控制现有安全通信区域的进入？现有的控制措施是否够用？

F5.4.2　通信/网络

- 用于应急行动的局域网（LAN）是否具有足够的防护措施，以免受网络攻击（例如：未经授权的访问、拒绝服务或恶意代码)？如果没有，需要设置什么功能？
- 用于应急行动的广域网（WAN）是否具有足够的防护措施，以免受网络攻击（例如：未经授权的访问、拒绝服务或恶意代码)？如果没有，需要设置什么功能？
- 是否有安全语音功能？如果有，是否足以满足你的应急行动需求？
- 非安全电话是否具有隐私保护功能？
- 是否具有安全传真功能？如果有，是否足以满足你的应急行动需求？
- 无线电通信是否受到保护（例如：加密或隐私保护功能)？

F5.4.3　人员

- 是否需要具有安全许可的人员？

- 是否需要至少 5 位具有安全许可的人员？
- 许可人员是否获得了如下培训：
  —使用安全通信设备？
  —控制和保护机密材料？
  —管理和控制通信安全（COMSEC）？
- 是否核实了具有安全许可的人（例如身份证上的独特标记、标识）？

F5.5 可持续性

可持续性——支持长时间的应急行动（例如：在所有紧急情况下，能够不间断地保持每周 7 天、每天 24 小时的连续行动；在现实条件允许的情况下，不要建立在已知的高风险区域内，如洪涝区、其他自然灾害、核电站以及危险品场所等）。

F5.5.1 设施

- EOC/备用 EOC 能否支持长时间内的每周 7 天、每天 24 小时连续运行？行动物资和办公物资是否足以维持行动，例如：食物、水、备用发电机燃料、纸和办公用品等？
- EOC/备用 EOC 是否有备用电源？（备用电源通常指发电机电源）
- EOC/备用 EOC 是否有不间断电源（UPS）？（UPS 系统通常使用电池，在有限时间内提供电源；例如：10～20 分钟，具体取决于负载。）如果有，UPS 支持哪些系统/功能？UPS 是否足以支持这些系统/功能，直到备用电源启动供电？
- 供暖、通风和空调（HVAC）系统是集中管理（建筑范围内）还是本地管理？
- 供暖、通风和空调（HVAC）系统是否能保证每周 7 天、每天 24 小时（7×24）可用且可控？
- EOC/备用 EOC 是否有服务区入口，例如，档案室、服务器站点，等等？
- 为了维持行动，是否必须满足什么特殊限制条件？是否有特殊访问需求？
- 备用 EOC 是否具有与专用 EOC 相同的功能？如果没有，它们有什么区别？

F5.5.2 通信/网络

- 电话的数量（包括安全和非安全的）是否能够满足 EOC/备用 EOC 开展应急响应和管理行动？
- 电话是否能够连接到内部专用交换机（PBX）？
- 电话是否直接连接当地的商业运营商，例如：从本地交换机而不是专用交换机获取拨号音？（这些电话就像家里或办公室的一样。它的优势是，如果 EOC/备用 EOC 的专用交换机断电，直接连接拨号中心的电话还可以继续工作）
- 传真机的数量（包括安全和非安全的）是否能够满足 EOC/备用 EOC 开展应急响应行动？
- EOC/备用 EOC 是否有专用的发送和接收传真机？EOC/备用 EOC 是否有安全传真功能？
- 打印机的数量（包括安全和非安全的）是否能够满足 EOC/备用 EOC 开展应急响应行动？

F5.6 交互性

交互性——与地方政府机构、州 EOC 和 FEMA 的行动中心网络使用一套共同的行动基本原则，并互相交换常规的和时效性强的信息（例如：能够与主要政府机构、当地政府 EOC、位于或靠近灾害现场的应急响应小组、附近的州 EOC 和联邦当局，包括 FEMA 区域行动中心沟通）。

F5.6.1 通信

- EOC/备用 EOC 是否有监控重要应急服务部门通信的需求；例如警察、消防、紧急医疗服务（EMS）、HAZMAT 和公共工程？是否有监控其他服务部门通信的需求？如果有，是否有该功能，该功能是否足够满足需要？
- EOC/备用 EOC 是否有建立能够覆盖重要应急服务部门和当地 EOC/政府机关的应急通信网络的需求？如果有，是否有该功能，该功能是否足够？
- 如果存在需求，EOC/备用 EOC 能否与下列主体通信：
  ① 州内所有的地方 EOC？

② FEMA 区域行动中心和/或 FEMA 区域工作人员？

③ 联邦灾害现场办公室（DFO）？

④ 其他州的 EOC/备用 EOC？

⑤ 州级应急服务机构的行动中心？

⑥ 灾害指挥官或灾害现场指挥部？

⑦ 相关单位的行动中心，包括区域和地方机场、高速公路、港口、水路当局；医院和救护车服务提供商；核电站；水坝；公共事业私营部门（电力、电信、排污和供水）以及化工公司？

- EOC/备用 EOC 的通信手段能否满足通信需求？（考虑收音机、电话、手机、可用频道和其他问题。）

F5.6.2 程序

- 在应对和管理所有危险事件期间，州和地方政府的 EOC/备用 EOC 是否有通用的行动、报告和沟通程序？

- EOC/备用 EOC 是否有跟地方 EOC/政府机关和重要应急服务机构交换信息的需求？例如：警察、消防、紧急医疗服务（EMS）、HAZMAT 和公共工程。是否有适当的程序/检查表来促进交流？

- 如果需要，是否要收集和分发计划报告？

F5.6.3 培训

- 州和地方政府的 EOC/备用 EOC 是否有开展例行的、经常的或定期的联合沟通培训，以训练在所有灾害事件响应和管理中所需要的沟通能力？

- 如果开展了这种培训，培训结果是否已经固化为"经验教材"，并用于提高沟通能力？培训结果是否也可以用于查找沟通过程中的不足，并制定方案解决那些不足，从而提高沟通能力？

- 州和地方政府的 EOC/备用 EOC 是否开展了例行的、经常的或定期的联合培训，以训练、测试并改善他们的行动、报告和沟通通用程序？

- 如果开展了这种培训，培训结果是否固化为了"经验教材"，并用于改善他们的通用程序？

- 实际经验是否已经用于验证已有的通用程序，并且用于制定新的通用程序？

F5.7 灵活性

灵活性——改变行动规模并调整行动节奏，以使其适应所有的灾害事件（例如，拥有足够的空间、装备、设备、行政物资和类似的需求，以满足任务需要）。

F5.7.1 设施

（1）专用 EOC
- EOC 是否拥有专用的场地？如果没有，EOC 是否建在其他机构的场地内？例如，州或地方警察总部、应急医疗服务设施、国民警卫队军械库、商业建筑？
- 无论是专用的还是共用的场地，它的可用面积是否足以开展应急响应行动？
- EOC 是否只有在进行应急响应和管理行动时才能运行？或者，无论是否在开展应急响应行动，EOC 都能每周 7 天，每天 24 小时地运行（工作人员在位且设备功能可用）？
- EOC 是否有启用、设计和布置的程序？
- EOC 的启用和运行是否能够根据应急响应行动的规模做出相应调整？（例如：小型灾害可能只需要启用少量的工作人员和设备功能，并开展小规模的应急响应行动；而对于大型灾害来说，则需要动用所有工作人员和设备功能，并开展大规模的应急响应行动）
- 是否确定了 EOC 需要搬迁的情形？是否有搬迁 EOC 的程序？
- 是否会定期举行 EOC 的启动和搬迁演习？各成员机构的参与程度是否能够确保在实际灾害中行动的高效和及时？参与者是否包括了 EOC 指定的关键人员？
- EOC 附近是否有专门的会议室/新闻发布室？它们的面积够用吗？
- EOC 附近是否有可用的多功能场地？
- 多功能场地面积够大吗？（多功能场地通常是用于日常功能的

办公室、行政或会议区域，可用于支持应急响应和管理行动。需要用于应急响应行动时，日常工作人员需要被转移到其他地方工作）

（2）备用EOC

- 是否建立并确定了备用EOC，以确保能够继续开展应急响应行动？
- 备用EOC是否拥有专用的场地？如果没有，备用EOC是否建在其他机构的场地内？例如，州或地方警察总部、应急医疗服务设施、国民警卫队军械库、商业建筑？
- 无论是专用的还是共用的场地，它的可用面积是否足以开展应急响应行动？
- 备用EOC是否有启用、设计和布置的程序？
- 备用EOC的启用和运行是否能够根据应急响应行动的规模做出相应调整？
- 是否确定了启用备用EOC而不是专用EOC的条件？
- 备用EOC是否具备跟专用EOC相同的功能？如果没有，区别在哪儿？
- 是否会定期举行备用EOC的启动演习？各成员机构的参与程度是否能够确保在实际灾害中行动的高效和及时？参与者是否包括了备用EOC指定的关键人员？
- 备用EOC附近是否有专门的会议室/新闻发布室？它们的面积够用吗？
- 备用EOC附近是否有多功能场地？场地面积够大吗？

F5.7.2 通信/网络

- EOC/备用EOC以及多功能场地中可用计算机的数量是否足以支持应急响应行动？
- 服务器的数量是否足以支持应急响应行动？
- EOC/备用EOC和多功能场地中的涉密和非涉密电话数量是否足以支持应急响应行动？
- EOC/备用EOC和多功能场地是否有连接到本地拨号中心办公室的电话？（这些电话就像家里或办公室用的电话一样。它的优势是如

果 EOC/备用 EOC 的 PBX 断电，直接连接拨号中心的电话还可以继续工作）

- 所有电话是否都具备下述功能：
  —录音功能？
  —来电显示功能？
  —语音电话会议功能？
- EOC/备用 EOC 和多功能场地中的打印机数量是否足以支持应急响应行动？
- EOC/备用 EOC 和多功能场地中的传真机数量是否足以支持应急响应行动？
- EOC/备用 EOC 和多功能房间是否能够播放视频？如果可以，它们是否也可以与视频同步播放音频？
- EOC/备用 EOC 和多功能房间是否具有视频电话会议（VTC）功能？
- EOC/备用 EOC 和多功能房间是否能够接收公共（内部）公告？
- 通信能力是否可以进行调整配置，以适应应急响应和管理行动的规模？

第 6 章
媒体、朋友和敌人

一场灾害将使得公共和社会环境独特而艰难，因为人民群众的期望和广大媒体对每一项决策的大量报道交织在一起，可能会产生巨大的、有时甚至是复杂的后果，而这些后果带来的将不仅仅是局部影响。这实际上是一个雷区，因为一个失误不仅会带来社会影响，还会对经济造成影响甚至威胁人们的生命。

管理决策会影响行动决策。纽约发生"9·11"事件之后，随着对世贸中心大楼废墟的救援行动持续进行，市长的顾问团建议将救援工作转向灾后恢复工作。当然，做出这个决策的时间点，从争议双方的角度来考虑都有各自的道理，但这仍然引发了一场"政治风暴"。

当时，全国各地的电视节目都能看到，消防队员和警察在对行动方向的改变表示抗议。如果将救援工作转向灾后恢复工作，在废墟中搜救被困幸存者的搜救人员将会减少，而这激怒了广大的消防员和警察，他们认为这等于放弃了寻找那些废墟中失联的亲人和朋友的希望。媒体用一堆"专家"惯用的事后猜测来报道他们的抗议。因此，市长很快改变了决策，重新开始救援行动。这个转向灾后恢复工作的行动决策，是基于多个因素考虑决定的，但这个推翻最初决策的决策，是一个基于公众抗议的管理决策。最后这个行动决策是基于公众舆论和社会问题提出的，但在最开始的响应行动中，是根本不需要考虑这些问题的。

另一个例子发生在南卡罗来纳州的雨果飓风期间。风暴过后，政府要用卡车把冰块运送到查尔斯顿的各个社区。当卡车到达其中一个社区的时候，那些在没有水和冰的日子里绝望地等待着的居民们蜂拥而上。由于无法控制人群，警察不得不将卡车开离当地，将冰块运到另一个社区。

后来，经证实，这些冰块是从一个贫穷的社区运来的，要送到一个富裕的社区去。当地报纸揭露了这个事件，报道称，救灾物资并没有被平等分配，而是正被运送到更富裕的社区。这在当地引发了一起"政治风暴"。富裕的社区比贫穷的社区得到了更好的待遇。一段时间以来，由于在向公众提供急需物资方面存在着贫富差异，这对响应行动造成了不利影响，所以不得不频繁地去解决这些问题。一个简单的行动决策，可能不是故意的，也没有引起公众的关注，但某一天可能会突然被发现，然后产生严重的问题。这是一个在灾害期间的实地行动中，产生意外社会影响和公众舆论后果的典型例子。

6.1　现实中的媒体

无论你喜欢与否，也无论你想要与否，在灾害期间，媒体都是你与社会公众沟通的最直接、最有效的方式。虽然现在还有许多其他社交媒体渠道可以与公众建立沟通，但相对于让地方民众亲自在地方媒体上看到或听到你的官方消息，没有其他任何方式比这更加直接有效。地方官员与他的选民直接交谈的画面很有影响力，并且这种形式不容易被取代，因为人们希望的就是能在灾害期间看到他们的领导人并听到他们的声音。

雨果飓风事件再次证明了领导者发挥的作用有多大。笔者曾被派去采访当地官员，以尽可能多地了解公共安全机构在飓风期间可以学习的经验。当入住酒店时，恰好帮拿行李的服务员询问笔者来这里的原因。当笔者告诉他是来向该地方领导人取经时，他的脸上露出了喜悦之色，开始用一些故事取悦笔者，讲述这个城市有个多么伟大的市长，因为其勇敢地面对州和联邦政府，向他们提需求，以确保城市得到所需的帮助。

要知道，这件事发生在风暴袭击近三年后，然而这个年轻人在说起那次风暴时的神色，就像那次风暴刚刚结束一样兴奋和自豪。在笔者撰写这本书时，事发时的市长现在依然在任，他在雨果飓风期间的事迹已经成为了当地的一个传奇。选民们希望在灾害期间看到他们的领导人，听到他们的声音，而媒体就是实现这一目标的最好的、最具个性化的方式。

6.2　了解媒体的工作

笔者曾经听到过民选官员在私下里抨击媒体：意思是说媒体没能很好地履行他们在民主制度中的职责（译者注：这些民选官员认为媒体应该为政府宣传功绩服务）。实际上，根据定义，媒体应该是为公众服务的公正的监督者。虽然记者履行那些职责所需的工作技能和正直的品质是参差不齐、有待商榷的，但他们在定义中被赋予的职责是毋庸置疑的。他们不是专门为你的行动欢呼的啦啦队，如果你理解了这点并且做好了计划，你就可以通过站在媒体的角度看待事件，并在应急响应中积极准备和行动，从而在某种程度上掌控你收到的各种新闻报道。

记者和播音员还有另一个需要明确说明的角色，即：他们有责任向公众传达你需要告知公众的事实，例如疏散通知或避难所的开放公告。这些情况需要及时、准确地传达到位，而且你有权要求他们做这些事。如果他们做错了，你也可以要求他们尽快改正。

在 2004 年袭击佛罗里达州的一次飓风中，当地媒体错报了哪些学校将作为避难所开放，这给公众以及我们这些避难所的管理者造成了相当大的混乱。这个例子虽然很小，但却非常重要。为了能够及时致电媒体，让他们尽快更正报道，你需要在灾害发生之前与媒体建立合作关系。所以，请使用好媒体吧，否则他们将会使唤你。即使没有重大新闻，也要打电话告知他们，来确保记者和新闻播报员感觉到你理解他们的工作，并且在试图帮助他们干好工作。

6.3　公众需要什么

公众会根据你提供应对灾害影响的有效信息的速度，来评判你应对灾害的工作效果。因为民众需要知道，他们选举出来的人已经制定好了一个应对措施，能够快速有效地应对灾害，并能给他们提供用来应对灾害的有用信息。

公众需要及时获得可靠的信息，以便能够及时使用。如果他们收到信息的时间太晚，他们就会开始不信任那些提供信息的人。你需要及时将信息传递给公众，以便公众迅速采取行动，并按照你的要求开展行动。他们需要官方发出直接且明确的信息。这个信息需要简单且可行：

- 公众需要知道你掌控了局势。尽早地出现在公众视野里，他们会认为你有能力并准备好了应对各种情况。
- 公众希望尽快得到信息。他们想要得到能帮助他们应对各种灾害情况的有用信息，并能让他们决定采取什么措施，从而让家庭更安全或更舒适。
- 他们希望官方能发布明确一致的信息。各司法管辖区之间的信息不能存在冲突。如果多个地方司法管辖区分别举行新闻发布会，发布不同的信息，这只会降低公众对领导层的信心。如果公众意识到他们选举的社区管理者之间存在斗争或脱节，他们就会对地方政府掌控局势的能力失去信心。
- 当行动取得进展时，公众希望马上知道。
- 他们希望得到前后一致的信息。

6.4 管理暴徒

你与媒体沟通的目的是深入公众。那么，你就要精心设计将要发布的内容来反映一个事实，那就是你和公众是站在同一战线上的。如果你能向人们传达他们需要听到的内容和你需要他们做的事情，那么他们就与你站在了同一条响应战线上——不是一个不情愿的暴徒，而是一个并肩作战的战友。要确保尽可能直接地解决公众的具体问题。

首先，要对受灾最严重的人表示同情。通过理解他们，理解社区中许多人都受到了巨大的影响，可以表明你把他们的利益放在首位。你要让公众知道，整个响应行动的目的就是让人们的生活尽快恢复正常，并且你已经了解他们刚刚经历了什么。

要坦诚、开放、诚实。如果你被问到一个你不知道答案的问题，直接说你目前还没有答案，但你会尽快调查并告知媒体你的回答。尤其是在灾害发生初期，这种事情经常会发生，媒体会问一些你目前无法回答的问题，因为现在灾害刚刚发生，还无法了解详细的情况。例如，在有一场重大火灾中，当时新闻发布官的做法就是一个很好的例子，在新闻发布会上，媒体再三询问他火灾的起火原因，但他们提出这个问题时，调查工作还没办法开始，因为就在发言人的身后，你仍然可以看到火势还没被控制住，更不用说回答起火原因这个问题了。你只要回答说现在得出结论还为时尚早，在事件之后他们会得到答案。

要满足媒体的需求。因为记者的工作对其新闻报道有截止时间的要求，到了截止时间，他们就必须有能交得出来的东西，否则他们可能很快就会面临失业问题。如果你不透露一些东西给他们，他们就会找其他能够透露信息的人，而这个人往往是一个抱怨自己没有得到照顾的公民，或是一个对响应行动心怀不满的非官方信息渠道。所以，满足媒体的需求吧，否则他们会通过别的渠道满足自己的需要，而且几乎可以确定的是，你不会喜欢他们的报道。

要把关心民众放在第一位。你要确保在所有的采访中，都提到了公众的痛苦和损失。必须要让公众觉得你将他们的利益放在最重要的位置。因为公众并不知道你在他们看不到、听不到的背后所做的一切，虽然你为他们所做的一切都是出于对他们需求的考虑。所以你必须反复地陈述，让他们知道你为他们所做的事情。

不要通过尽量降低灾害或悲剧严重性的说法来否认显而易见的事实。而要一直强调情况的严重性，以及整个社区的行政机构都正在努力开展响应行动并尽快让社区恢复正常。只要有机会，每次都要向人们重复强调这个信息。你要记住，在任何灾害中，不是每次你讲话时，你社区的每个人刚好都在听，可能需要一段时间才能让每个人都听到你传达的信息。

永远不要和媒体争执。他们每天都会报道，但是你不是每天都有机会和他们正面交流。如果记者是反对派的，你应该用事实说话，用简洁而充满可用信息的答案来纠正他们。

这里没有秘密。你所说的一切都会成为新闻，即使你只是说了一些没有做记录的话，但这也有可能被播报或者刊登。最简单的准则就是，如果你不愿意某件事被公之于众，那就不要告诉记者。

不要做任何假设。不要假设与你交谈的记者精通你的职业，并且能理解响应行动的复杂性。你要确保她理解你所说的话，否则她的误解会导致她错误地报道你原本的意思。因为他们的工作是报道，而不是应急响应。

要保持语言简洁。无论情况多么复杂，你都要反复简化、总结讲话要点。在讲稿中写下重要的数据和事实，不要指望记者能够准确记录。不要使用专业术语，哪怕是那些你认为所有人听上去都很容易理解的内容。不要使用首字母缩写。

要专业地对待记者。尊重他们，他们可能也会以同样的方式对待你。及时接听电话，并确保记者们有可以联系到你的电话号码，让他们能够有机会提出重要或有争议的问题。让你自己尽可能做到容易被接近。

不要说谎。不管情况有多糟糕，都不要撒谎。不要与媒体分享你的评价或看法，要坚持事实。对于那些坚持听你所说每句话的人来说，不管现实情况有多糟糕，相对明白自己当前所面临的糟糕情况来说，不能知道全部的事实会更让人难受。当权者大可不必对群众的恐慌感到恐惧，因为公众已经多次用理性和配合的行动做出了响应。"9·11"事件貌似是一场灾难性的事件，也许那只是袭击的开始，尽管如此，纽约市的民众在该事件发生后仍能按照指示冷静地从城市撤离。没有惊慌失措的人群叫嚣着要过桥，相反，你可以看到人们互帮互助，并积极帮助那些需要撤离的人。所以，公众的恐慌程度是被夸大了，而且在很大程度上是未经证实的，这与灾害期间人们互相帮助的一个个事实大相径庭。

不要告诉人们不用担心。他们其实知道情况很糟糕，他们只是不知道情况会有多糟或持续多久。公众并不能像你一样可以掌握所有信息以了解情况，他们担心很多事情，而且在一段时间内都会如此。最好的方法就是承认他们的担忧和恐惧，并向他们保证，应急响应团队中的每个人都在努力解决社区所面临的问题。

永远不要承诺任何你不能实现的事情。不管你想要做什么，首先一定要完全确保你的团队能够实现。无论是街道清理、冰或水的输送，还是电力的恢复，在你向公众做出承诺之前，一定要知道是否可行。如果你承诺了事情却无法兑现，这将打破公众对你以及响应行动的信任。甚至社区恢复正常运行很长一段时间之后，他们还会记得这件事。

在接受任何采访之前，都要先询问是关于什么的采访，来确定你现在可以讨论什么，不可以讨论什么，并坚持到底。要谨慎用词，因为媒体会将你所说的话报道出来。而如果媒体已经报道出来的新闻不尽如人意，那么想要纠正它就为时已晚了。在回答他们问题的同时，你也可以把官方的立场融入其中。如果可能的话，可以使用来自官方或权威的消息来反驳媒体不好的报道。尝试预测采访可能问到的问题，并想好有事实作为依据的答案。只能透露你在采访之前已经确定过的消息。如果他们问了一些你没有准备好答案的问题，那么就告诉他们有答案的时候会答复他们，但你要确保之后一定要做到。

记者到任何地方都需要派人陪同。不要让记者在无人陪同的情况下在灾害现场到处走动，因为他们只看到了现场的某些行动，但并不了解整体情况，所以可能会导致他们产生误解。只是在灾害现场走一圈会让人产生错误的印象，因为他们只能看到行动中的一小部分，如果想弄清具体情况，那就必须要从整体情况去理解。

确保你有一个指定的且训练有素的新闻发布官作为你的第一联络人。他的主要工作就是与媒体打交道，所以，随着时间的推移和情况的日益复杂，他将在跟踪和管理媒体代表方面发挥出不可估量的价值。要与新闻发布官合作，制定新闻发布计划，以便向媒体提供新的或更新的信息。

使用规范的通知和新闻稿。在任何行动开始之前，你可以放下当前工作转而执行的官方行动之一，就是拟好你需要发布的通知和新闻稿。你需要与你所在司法管辖区的律师合作，确保新闻用语符合当地和州的法律。在律师的帮助下，你可以早在需要之前就准备好这些文件并进行签名，因为，当灾害发生时，你还有许多其他问题需要花费时间和精力，而这将会为你节省时间。下面是几个标准的文件模板。

本章附录

F6.1　外部机构通知示例

通知（美国联邦调查局、美国疾病控制与预防中心、美国烟酒枪炮及爆炸物管理局、海岸警卫队、美国国家环境保护局、美国联邦航空管理局、美国联邦紧急事务管理局、国民警卫队、州警察局、州紧急行动中心）

这里是森特维尔市，请注意，刚刚我们的联邦大楼发生了一场爆炸，这可能是一起恐怖袭击事件。目前我们正在启用当地资源进行响应行动，一旦确定具体需求，我们将尽快请求州政府和联邦政府的援助。

在我们得到更详细的信息之前，请你们保持随时待命。❶

F6.2　发布声明示例

紧急状态

我是中心县的应急管理负责人比尔·史密斯（Bill Smith），我现在正在 EOC。今天上午 8 点，县长琼斯（Jones）发布声明，全县进入紧急状态。宣布这一紧急状态是为了使本市有资格得到所需的外部援助，让我们能够应对这一紧急情况。通过宣布紧急状态，县长琼斯（Jones）就能够在未来几天和几周内请求州长和联邦政府提供援助。目前尚不清楚这项声明需要执行多长时间，但县长琼斯（Jones）向中心县的每一位公民保证，只要紧急情况得到控制，这项声明就会立即解除。

宵禁令

由于森特维尔市经历了一场龙卷风，这对我们社区造成了大面积的破坏和人员伤亡。

鉴于城市住宅、电力、水和其他公共设施的服务已经中断；以及

考虑到公众利益和社区安全，在龙卷风的情况稳定之前，有必要合理限制街道的使用；以及

为了保护、维护和促进社区及其公民的整体健康、福利和安全，在紧急情况下，有必要实行宵禁，来限制县/市街道的使用。

因此，为了维护公共卫生、安全和公众利益，我市市长罗伯特·约翰逊（Robert Johnson）和森特维尔市首席执行官特此宣布进入紧急状态，

---

❶　带下画线的文本仅为示例。这些例子的空白副本和更多类型的新闻稿可以在第 11 章参考资料中找到。

并进一步声明和要求：为了保证人身和财产安全，<u>下午 6：00 至次日上午</u><u>6：00</u> 期间，本市禁止普通公民乘车和步行进入街道。

隔离

由于<u>森特维尔市</u>暴发了<u>猪流感</u>，导致许多市民患病或死亡。

由于公众接触可能会危及未感染人群的健康和幸福。

为了公共利益和社区安全，在疫情得到控制且公众接触没有传染风险之前，有必要对公众接触进行合理限制；以及

为了保护、维护和促进社区和公民的健康、福利和安全，有必要建立隔离区，在当前紧急情况下限制指定区域的人员进出。

现在，为了促进公共健康、安全和福利，我市市长罗伯特·约翰逊作为<u>森特维尔市</u>的首席执行官，特此宣布本市进入紧急状态，并进一步提出声明和要求，为了<u>森特维尔市</u>和所在州的人员安全，在得到下一步通知前，所有进出我市与<u>史密斯和普林斯顿、哈佛和耶鲁、埃杰沃特</u>等边界的道路，和<u>北部小路上</u>，禁止任何方式通行，包括车辆、步行、铁路或者航空。

公众聚集禁令

我是中心县的新闻发布官琼·史密斯（Joe Smith），我现在正在<u>EOC</u>。今天<u>上午 8 点</u>，<u>县长路易斯·约翰逊（Louise Johnson）</u>在与州政府和疾控中心协商后，决定禁止所有公共集会，所有商业场所暂停营业。鉴于<u>猪流感</u>的暴发及其在<u>中心县</u>的持续传播，<u>县长路易斯·约翰逊</u><u>（Louise Johnson）</u>采取了这一措施，试图阻<u>止</u>这种可怕疾病的传播。县长和县议会通常不会轻易地采取这一行动，因为他们明白这会对社区产生巨大影响，但这是阻止该疾病传播的绝对必要的措施。

任何发现违反这项禁令的人都将被逮捕并被隔离，直到确定他们是否感染了<u>猪流感</u>。<u>县长约翰逊</u>敦促所有人都要重视这项禁令，只有这样才能阻止这种可怕的流行病。该禁令只是一项临时措施，只要情况允许，禁令将会尽快取消。<u>县长约翰逊</u>再次敦促每位公民都要重视这项禁令。

封锁

我是<u>约翰逊维尔市</u>新闻发布官罗伯特·史密斯（Robert Smith），我现在正在 EOC。今天<u>上午 8 点</u>，市长帕特里夏·约翰逊（Patricia Johnson）下令约翰逊维尔市进入封锁状态，避免造成本市的禽流感疫情

蔓延到该州其他市和县。市长约翰逊与州长和疾病控制中心密切协商后，为了遏制疫情的发展，决定采取这一措施。

任何人都不能通过任何交通方式进出城市。进出城市的道路将被封锁，城市内外不允许公共汽车通行，机场立即关闭，禁止一切交通方式通行。在疫情结束前，将一直实行这项封锁措施。市长约翰逊敦促每位公民都要保持冷静，并在未来几天仔细收听媒体公布的最新消息。

飓风预警指令

我们的社区收到飓风警报，马里恩飓风即将来袭，飓风级别是 4 级，风速高达每小时 140 英里，风暴潮高达 15 英尺。

如果您居住在以下疏散区：宜人海滩、西海滩、南海滩，您需要按要求进行疏散。有关疏散路线和这些路线的交通状况，请参考当地报纸、我们的网页或当地媒体。

以下地区：祖马，宜人海滩沿海城市，属于自愿疏散令地区，我们敦促居住在这些地区的所有人员进行撤离，因为，马里恩飓风是一场危险的风暴。

请在当地报纸或我们的马里恩飓风网站上查阅飓风指南。在 Twitter @beachcountyema 上进行注册，以便查看应急管理中心发布的最新飓风讯息。

海滩县的应急管理办公室有以下几点建议：

1. 储备至少供应 7 天的不易变质食物。

2. 储备至少 7 天的用水，每人每天最少 2 加仑（1 加仑＝3.785 升）。

3. 准备一台带电池的便携式收音机。

4. 准备一个有备用电池的手电筒。

5. 收集好你所有的药物，即使你搬去了避难所，也要随时随身携带它们。

6. 随身带着急救箱。

7. 如果您决定不疏散，请待在房子靠里的区域，最好是待在屋内的浴室里。

8. 确保您的车加满了油。

请持续关注电台 98.9 频道的紧急广播，以便了解最新消息。

飓风已经登陆

不久前，马里恩飓风在该地区登陆。消防、执法和应急医疗服务人员已经全员在岗在位。为了确保公众安全，消防和应急医疗服务部门要求您遵守以下要求：

1. 请持续关注所有仍在播报讯息的电台或电视台。

2. 待在室内，直到警察、消防或社区应急管理部门发出解除警报的通知。

3. 在接下来的 72 小时内，不要直接饮用水龙头里的水，除非经过煮沸或者官方发布了可以正常饮用自来水的通知。

4. 不要触碰掉落或悬挂的任何类型的电线，无论是在地面上的、自由悬挂的还是与物体连接的，或是其他任何情况下的电线。

5. 个人自己的电力或通信中断问题，不要打电话报告。

6. 不要拨打 911 获取风暴信息，如果想了解更多风暴信息，请拨打飓风热线 612-555-1234。只有在危及生命的紧急情况下才能拨打 911。

请保持冷静，地方、州和联邦应急响应小组正在赶来支援。

F6.3 附加声明发布示例

如果您的社区受到风暴的直接袭击，可能需要考虑的"飓风语言"

如果您或您的家人或邻居需要紧急医疗救助，请前往避难所，所有的避难所都可以提供帮助。如果您需要从废墟中营救伤员或联系受伤人员，请前往最近的主要十字路口，警方和消防部门正在尽快赶往这些地点。

请注意，风暴过后会有许多不同寻常的危险，如化学品储罐泄漏、电线掉落、水管破裂或污水排放口敞开。请远离这些危险，并向您能找到的任何警察、消防员或市/县的其他工作人员报告。

在给便携式发电机加注汽油和使用电锯等小型工具时要小心。在重新加注汽油之前，一定要让发动机冷却，如果没有冷却，热的电机外壳可能会点燃汽油。

如果您现在因为房屋受损而搬去了紧急避难所，一定要确保带上了药物、洗漱用品、不易变质的食物、枕头、毯子和其他物品，携带足够使用72 小时的上述物品，可以让自己过得更加舒适。

公共安全公务车和市/县其他公务车辆将在街道上进行损坏评估、道路清理和其他修复工作；如果您需要帮助，可以挥动毛巾或其他衣物向他们发出信号。

如果您需要警察、消防或医疗的紧急援助，请拨打 911，或拨打 612-555-1678，以防 911 线路中断或占线。

第 7 章
NIMS 和 ICS

NIMS 和 ICS 是有史以来被误解和曲解最多的两个系统。曾有一个应急管理者告诉我，他不相信这些系统，因为感觉它们像是一种宗教信仰。其他一些人则质疑他们的原则是否适用于私营企业，因为私营企业是使用自己的组织系统来实现其特定目标的。

NIMS 的起源可以追溯到 1991 年 8 月，监察长办公室的一份报告指出了与联邦管理安德鲁飓风有关的许多后勤和响应问题。这些突出问题的产生原因可以归结为，需要应对这个大规模灾害的所有机构，都缺乏一个总体的响应计划。因此，1992 年 4 月制定了联邦响应计划，该计划通过为每个 ESF 安排领导和支持机构，从而在联邦政府的内部组建 ESF。

在 2003 年根据国土安全部第 5 号总统令（HSPD-5）建立 NIMS，并将其确立为所有联邦、州和地方机构的国家标准之前，联邦响应计划一直是联邦灾害行动的指南。它被描述为：

"该系统提供了一个全国统一的突发事件管理模板，基于此，无论灾害的原因、规模和复杂程度如何，联邦、州、部落和地方政府等都可以很好地协同开展国内突发事件的准备、预防、响应和恢复等工作。"

NIMS 建立了一套核心纲领、概念、原则、术语和组织程序，可适用于应对所有危害。它致力于提供一套全国统一的框架，帮助各级政府（地方、州、联邦）应对各种类型的灾害。它不是一个可直接执行的事件管理计划，也不是一个资源分配计划或针对恐怖主义/大规模杀伤性武器的计划。它的目的不是为了应对国际事件，而是为了组织应对国内所有类型的重大事件。

NIMS 的主要构成

- 指挥与管理——为所有响应机构建立一致的组织架构
  —突发事件指挥系统——建立国家级的战术性事件管理系统
  —多机构协调系统——它是一个使各级政府和各个专业领域能够更加高效和有效地协同工作的程序（当跨领域、跨社区、跨政府层级进行突发事件管理时，需要开展多机构协调。当来自不同机构的人员在准备、响应、恢复和减灾活动中进行互动时，就可以而且需要定期启动多机构协调机制）

—公共信息系统——制定协议和程序，以便各个机构和政
　　府职权部门之间协调和传达及时准确的公共信息
- 应急准备
　　—应急预案
　　—培训与演练
　　—人事管理
　　—设备购置
　　—互助协议
　　—出版物管理
- 资源管理
　　—标准化——建立统一的资源分类、库存、订购和跟踪方法，
　　以便在灾害期间更好地管理装备器材和物资的供应链
　　—动员
　　—解除动员
　　—技能验证

　　NIMS 的目标是提供一套统一的正式声明、原则、术语和组织程序，来更加有效地应对重大灾害。NIMS 并不是行动预案，也不是资源管理预案，它是在各级政府（地方、州和国家）层面实施这些行动计划的组织架构。它认识到，响应是从地方一级开始的，并且必须对地方一级进行响应，地方一级就是那些在一线工作直接处理事件的人。其目的是提供统一的指挥和管理架构及程序，以便在地方响应者通过系统向联邦一级上报需求时，能够更好地对需求进行整合。

　　区域指挥部是负责监督突发事件管理活动的组织，包括那些由单独的应急指挥组织独立处置的多起突发事件，或有多个应急管理团队参与的大型或还在发展的突发事件。区域指挥部的职能不能与多机构协调系统（MAC）的职能相混淆。区域指挥部负责监督突发事件的管理协调，而MAC 的各个组成部分，如通信/调度中心、EOC、多机构协调小组等，则负责具体的协调保障工作。

　　ICS 的最初概念可以追溯到 20 世纪 70 年代，一些社区经常遭受野火袭击。随着社会发展，由于人口规模快速增长，居住区扩张到了原来的开

阔野地，火灾规模越来越大而且情况越来越复杂，因此需要一个更复杂的指挥和管理系统。军队也对 ICS 的结构产生了影响，因为它由一个负责人统领，其他指定人员被分配到军事行动中的行政、后勤、规划和行动等各个岗位。在设计 ICS 结构时，显然不能在每个层级上都完全照搬军事体系，因此就开发了一个模块化的组织结构。

ICS 可以为指挥官针对特定事件，建立相应的行动组织规模提供指导。多年来，ICS 已经趋于完善，如今可以用来建立一个组织系统以应对规模最大的野火事件，该系统可以让数千名消防员、数百件设备甚至飞机在几天内快速高效地集合在一起。ICS 这个概念在全国范围内逐渐传播，后来它被采纳，用来满足应对野火事件以及所有类型火灾和危险事件的需要。

NIMS 和 ICS，都是专门为应对灾害和其他类型的紧急情况而设计的模块化组织结构。它们可以帮助司法管辖区建立应对非常规事件所需类型和规模的管理组织。这两个系统将由本社区的人员组成，他们应拥有满足 NIMS 和 ICS 体系中各种工作需要的特定技能。使用这两个系统可以帮你组织响应行动，但它们不是一个响应计划。

两者都具指挥和管理结构，能够针对所有类型的紧急情况建立相应规模的组织，并已证明可以发挥作用。对事件做出响应的不是组织结构图，发挥作用的是被安排到该组织内的各个岗位的人、他们的培训程度如何，以及他们对如何使用该结构来进行决策的理解程度。NIMS 和 ICS 只是提供了建立合适的决策结构的能力，它们并不能保证正确执行决策，决策的执行取决于 NIMS 和 ICS 内部使用的信息处理结构。因此，笔者的重点会放在人员配置以及如何使用这些组织结构来进行响应上。

NIMS 用 ESF 建立各种响应能力。在灾害期间，问题的数量会变大、类型会变多，所以必须将每个人分配到特定的区域，以便能够妥善解决问题。更简单地说，由于工作量很大，少量的人无法妥善处理所有问题，所以必须由特定人员来解决具体问题。一个 ESF 中可以配备多名成员，单个的问题也可能需要多个 ESF 来处置。

2004 年飓风袭击佛罗里达州期间，笔者在 ESF♯6 即群众安置组工作。当时开放了很多避难所，因此有必要召开一次避难所会议，包括红十字会、救世军、执法代表、负责志愿者和捐赠的 ESF，以及公共卫生代表，他们的护士正在为有特殊需求的避难所提供帮助。一个 EOC 同时有上百个不同的人在一起工作的情况并不罕见。笔者将基于地方、县或市社区的不同情况，为谁最能胜任这些岗位提出建议。显然，对州或联邦一级响应来说，需要分配的人数和类型是大不一样的。

以下是关于分配不同人员到不同岗位的建议示例，但它并不能构成一个完整的体系。一些司法管辖区需要增派人手，而另一些司法管辖区可能由于规模较小而需要合并多个 ESF。你的首要任务是构建满足你需求和能力的组织，而不是机械地建立一个组织结构图。ESF 可以为解决岗位设置和职能分工提供指导，但并不是一成不变的规定，即不是每个岗位都必须配备人员，或者在特定条件下不能与其他岗位合并设置。

7.1　ESF

ESF 的方式有助于你将重点放在基本的机制和结构上，你可以通过这些机制和结构，调动资源并开展行动，以增强你的灾害应对工作能力。在这种结构下，一个 ESF 由一个主要机构领导，该机构是根据其日常的工作能力和拥有的特定领域的资源选择的。其他部门可以分配到一个或多个职能领域，为他们提供支持。ESF 模型的目的，是让司法管辖区能够为各种规模和类型的灾害建立相应规模和功能的响应团队。

以下 ESF 列表包括联邦政府最常用的工作组，很多州和管辖区调整了这些工作组的数量和职责，来满足各自需要。本书将会提到那些被纳入联邦列表中的工作组，作为 NIMS 如何满足社区需求的样例。同样，NIMS 是一个模板，可用于构建最能满足社区需求的组织。这种在整体框架下改变组织的能力是其优势之一。

7.1.1　ESF#1 交通运输

该职能部门负责协调交通运输，为联邦、州和地方部门、志愿组织，以及需要交通运输以执行灾害支援任务的联邦机构提供支持。

EOC 行动包括：

- 确定需要运输资源的行动，并与现场指挥官协调
- 全面协调向其他需要交通运输来执行应急响应任务的 ESF 和志愿机构提供交通运输援助
- 对所有交通运输资源进行排序和/或分配
- 处理所有的运输请求

- 如果需要的话，协调公路、航空和铁路服务部门的行动
- 协助满足特殊需求人群的交通需求
- 协助疏散面临紧急威胁或危险的人员
- 负责车流的监测、协调和控制

具体的行动包括：

- 协助疏散需要援助的人员
- 与执法部门一起协调交通运输流，为自行疏散的人员和应急资源运输组织提供支持
- 为其他 ESF 开展的应急行动提供人员和物资运输支持
- 运输刚抵达的外来救灾物资

应分配到 ESF♯1 的人员：

- 社区车队管理人员
- 公共汽车服务人员
- 当地学校董事会的交通运输部门

常见的事件包括：

- 倒下的树木堵塞了街道或公路车道
- 道路被冲毁
- 船只倾覆
- 飞机坠落或在机场受损

基本要求包括：

- 民航巡逻人员
- 民航巡逻机
- 运送伤亡人员
- 地图服务
- 各类交通运输
- 官方道路信息
- 路障
- 街道清洁工
- 街道和交通标志
- 超重许可证
- 桥梁检查员
- 建筑与土木工程师

7.1.2 ESF#2 通信

该工作组负责协调通信，为其他应对灾害的部门和机构（包括志愿者组织）提供支持。

ESF#2 对所有 EOC 来说都至关重要，特别是在地方层面。在担任应急行动负责人期间，笔者与所在社区的信息系统部门的合作比与其他任何人合作都要密切。多年来，我们一直没有常设的 EOC，只在需要时将教室改为临时 EOC。笔者首先联系的是信息系统部门，这样我们就可以安装计算机，建立计算机网络，安装电话、投影仪和其他通信设备，我们需要把一个空房间变成一个可以使用的 EOC。因为这些人每天都要处理社区内最重要的工作记录，他们要定期处理灾害突发事件，事实上，他们处理的紧急信息情况可能和公共安全部门每天处理的紧急信息一样多。所以，管辖区内信息系统部门将拥有所有部门中最复杂之一的灾害应对计划。信息系统部门是一个宝贵的资源，因为他们的工作要求他们时刻思考和计划如何应对紧急情况。

你社区的通信技术和无线电支持部门不仅要解决 EOC 以外的问题，还要解决内部的问题。只要 EOC 开放，就需要为其指派无线电和通信技术人员。EOC 的电脑、电话和收音机可能会突然出现问题。如果没有这些功能，EOC 就只是一个挤满了人的房间，而大家只能采取面对面说话的方式进行交流。行动结束后，他们将面临恢复和修复当地通信基础设施的工作，包括电话、手机、无线电、互联网和内部网，以及与当地广播和电视台的连接。与地方、州和联邦等各级的外部公共机构和私营机构的协调也由他们负责。

EOC 行动包括：

- 确定需要通信设备和支持的事件，并与现场指挥官就其使用进行协调
- 在行动期间，根据需要紧急联系重要人员
- 确定可用的通信设施和资源
- 协调、获取和部署额外的资源、设备和人员，根据需要建立点对点通信

ESF#2 的职责包括：

- 在行动之前、期间或之后，根据需要或要求建立必要的通信

- 部署损害评估小组
- 如果避难所开放，检查其是否能够通信
- 与电话和手机供应商保持联系，以便及时满足社区需求
- 根据需要对社区内的通信系统进行临时维修

应分配给 ESF♯2 的人员：

- 通信系统人员
- 911 通信人员
- 无线电系统技术人员
- 无线电业余民用应急服务（RACE）

常见事件包括：

- 陆上线路和电池供应中断
- 无线电和手机信号发射塔倒塌

基本要求包括：

- 移动电话
- 寻呼机
- 电话和线路
- 业余无线电
- 手持收音机
- 800 线路
- 电话会议桥
- 传真机
- 天线
- 无线电发射塔
- 固定电话线路的维修
- 激活紧急启动系统（EAS）
- 调度员
- 临时手机基站

7.1.3　ESF#3 市政建设及工程

ESF♯3 通过工程服务、技术评估、检查、损坏评估以及废墟清理和处置为事件响应提供支持。

EOC 行动包括：

- 确定应对灾害事件所需的设备和设施的情况，检查是否可用
- 确定需要市政建设及工程资源的事件，并与现场指挥官协调应急响应
- 协调紧急清理废墟
- 协调对受损或受污染的私人房屋、建筑物或构筑物进行紧急拆除或加固，以加快搜索和救援进度，以及/或保护公众健康和安全
- 协调紧急环境豁免权和法律许可，以便进行受污染材料或废墟的清理和处置

职责包括：
- 紧急清理废墟，以便在应急响应阶段对受破坏的地区进行侦察，和提供救援、健康、安全等行动所需的通道
- 紧急通道的临时清理、维修和/或重建
- 街道
- 公路
- 桥梁
- 救援人员通行所需的设施
- 紧急恢复重要的公共服务
- 供应充足的饮用水
- 临时恢复供水系统
- 消防用水供应
- 恢复废水处理功能
- 工程服务、施工的建议和管理
- 建筑物损坏评估，以及受破坏的基础设施和建筑物的紧急拆除或加固

应分配给 ESF♯3 的人员：
- 建筑部门
- 设施管理部门
- 资产评估师
- 公共事业部门
- 固体废物处理人员

常见事件包括：
- 污水提升站停电

- 未净化的污水泄漏/需要清理
- 水质检测

基本要求包括：

- 铲车
- 清除街道或公路废墟
- 自卸卡车和驾驶员
- 后装载机
- 前端装载机
- 交通指示灯
- 推土机
- 木材削片机
- 沙袋
- 泛光灯
- 混凝土护栏
- 电工
- 工人

7.1.4 ESF#4 消防部门

该工作组为侦察和扑灭由事故引起的城市、农村和野地火灾提供资源，并在必要时指导和协助救援行动。它为事故提供消防服务。由于消防部门日常可以提供多样的服务，同时也有多种专业设备和训练有素的消防员，因此在灾害期间，社区的消防服务能够发挥很多作用。很多司法管辖区，包括笔者自己所在的司法管辖区，考虑到消防部门所拥有的设备和培训，都在消防部门设置了几个 ESF。

EOC 行动包括：

- 检查所有消防设备、设施和人员的状态，判断是否可用
- 确定需要消防资源的行动，并与现场指挥官协调应急响应
- 一旦事件指挥官提出了需求，确认和分配资源，用来管理或支持应急行动
- 通过互助协议征用额外的消防资源
- 必要时发起互相支援
- 确定消防队伍、物资和资源的集结区

应分配给 ESF♯4 的人员：

- 司法管辖区的消防部门

常见事件包括：

- 建筑火灾
- 危险品火灾
- 危险品泄漏
- 人员被困

基本要求包括：

- 消防队
- 消防装备
- 水罐消防车（消防专用非饮用水）
- 城市搜救队
- 消防员
- 工程队
- 救援队
- 公共广播系统

7.1.5　ESF#5 信息与预案编制

该工作组负责收集、组织、排序和传达与事件相关的所有信息，包括以下基本信息要素：

- 事件区域的边界及其危险程度
- 行动区的运行状态
- 重要设施的情况
- 影响行动的天气数据
- 安全信息
- 行动区的重大问题和活动
- 行动区提出的资源短缺情况
- 交通运输系统的状况
- 报告的事件现场入口
- 通信系统状态
- 伤亡信息
- 灾害声明

- 污染区
- 隔离区
- 医疗设施状态
- 捐赠信息
- 特殊需求信息

ESF#5 在 EOC 内的组织、展示和传递信息等方面发挥着关键作用。它负责整理、处理各 ESF 传来的信息并按照优先级将其排序。

EOC 行动包括：

- 整理信息，以便与其他必要的职能部门一起制定突发事件行动计划（IAP）
- 为 EOC 展示并更新信息
- 编写阶段性的情况报告，来为突发事件行动计划（IAP）提供支持
- 手动或通过计算机程序更新所有图表、地图和状态板，保证一直能够显示信息
- 作为信息收集中心，收集有关行动进展的最新信息，为编制突发事件行动计划（IAP）提供服务
- 跟进突发事件行动计划（IAP）的进展情况
- 主持所有的情况介绍会，更新行动进度和后勤需求信息，来帮助制定下一个突发事件行动计划（IAP）

ESF#5 不负责设定行动目标，它通过提供信息协助行动目标的设定，并跟进行动目标的进展情况。他们的工作是向应急管理团队提供信息，并跟进正在进行的行动，以准备好制定下一个行动目标所需的信息。

应分配给 ESF#5 的人员：

- 应急管理者
- 公共安全官员
- 熟悉 NIMS、ICS 和灾害响应以及 EOC 需求的人员

7.1.6　ESF#6 群众安置

ESF#6 负责协调紧急提供临时避难所、紧急的大规模饮食保障，为受灾群众批量分发救济物资以及灾害福利救济援助的行动。

EOC 行动包括：

- 协调行动期间所有避难所运行的任务分配

- 协调大规模饮食保障设施的建立和运行
- 协调由志愿组织提供的救济工作
- 协调公共避难所和特殊需求避难所的开放，以满足灾害时期的需求
- 为避难者协调避难设施、饮食和紧急援助
- 协调避难所的医疗援助
- 协调避难所的安全问题
- 保存关于避难所人口的记录
- 确定避难所需要的食物、水和其他基本服务

ESF♯6 不能独自为避难所提供所有的服务，它需要与其他 ESF 进行协调，以便在问题出现时能正确处理。

应分配给 ESF♯6 的人员：

- 红十字会
- 救世军

常见事件包括：

- 开放避难所
- 接纳避难群众
- 没有酒店房间供疏散人员使用
- 避难所过度拥挤

基本要求包括：

- 避难所的安保
- 为避难所的伤者提供医疗援助
- 避难所的工作人员
- 检测设备
- 毛毯
- 避难所中每个人的单独床位
- 避难所膳食
- 枕头
- 避难所的餐饮车
- 避难所的配套设施
  - 淋浴设施
  - 食堂
  - 冰

—移动厕所

　　—帐篷

- 个人的和避难所的清洁套件
- 特殊需求的避难所

　　—专业训练的人员

- 尿布
- 即食的军用食品

7.1.7　ESF#7 资源支持/后勤保障

　　该工作组负责向参与响应的所有机构和部门提供后勤管理及资源支持服务，包括生活必需品、设施、设备、燃料、办公用品、承包服务以及可能需要的所有其他资源。ESF♯7 为灾害响应行动提供后勤支援。

　　EOC 行动包括：

- 建立、配置和协调补给（包括医疗和其他类型的补给物资）配送中心，为应急行动提供支持
- 确定并获取各部门执行任务所需的工艺、采购材料和补给
- 与州政府和外部资源协调，以获取当地无法获得的资源
- 负责供应商提供的承包服务、救灾物资、EOC 所需的物资以及可能出现的任何其他需求
- 记录灾害期间的所有支出、设备租赁和任何其他类型的后勤支出
- 确保所有 ESF 遵守 FEMA 的规定和政策，按照合理的程序采购并保存详细记录，以便社区能够获得适当数目的补偿

　　应分配给 ESF♯7 的人员：

- 采购部门
- 预算部门
- 人力资源部门
- 资产及不动产部门

　　常见的事件和要求包括：

- 提供服务的承包商
- 设备难以获得或供应不足
- 链锯
- 各种规格的发电机

7.1.8 ESF#8 卫生与医疗

ESF♯8 要协调社区内的医疗设施，在整个行动期间提供医疗护理和卫生服务。目的是在行动期间就公共卫生问题提供广泛的服务和建议。

EOC 行动包括：

- 卫生/医疗需求评估
- 组织卫生/医疗保健人员
- 卫生/医疗设备和用品的确定和协调
- 帮助患者从疏散区内的重要医疗设施中疏散
- 维持可用病床的可用状态
- 维持可用医疗设备的可用状态
- 维持重要药品的可供应状态
- 评估事件前后社区的公共卫生和医疗需求
- 跟进所有医院的当前状况
- 提供医疗护理专业人员
- 协助受害者身份鉴定，并协调紧急太平间服务
- 为有特殊需要的避难所提供医务人员
- 协调并检验响应行动中所有医疗志愿者的资质
- 根据需要协调灾害医疗援助团队和灾害太平间行动响应团队
- 开展疾病控制/流行病学活动
- 确保食品和药品安全
- 开展病原控制和监测
- 就水源是否可以饮用，以及废水和固体废物的处理提供建议
- 为公众提供紧急健康咨询和相关数据

应分配给 ESF♯8 的人员：

- 当地公共卫生部门
- 法医
- 当地医院代表
- 紧急医疗服务供应商

常见的事件包括：

- 大规模伤亡
- 医疗供应短缺

- 医护人员短缺
- 水受到污染
- 疾病暴发

基本要求包括：
- 救护车
- 高级生命支持（ALS）
- 基础生命支持（BLS）
- 辅助医务人员
- 移动厕所
- 食品安全检查
- 特殊需求运输
- 便携式氧气装置
- 颈椎固定器
- 破伤风疫苗
- 护理人员
- 救护直升机
- 胰岛素
- 危害咨询
- 安瓿和注射器
- 防昆虫叮咬套装

7.1.9 ESF#9 搜索与救援

ESF#9为应急响应行动提供搜索和救援支持。

EOC行动包括：
- 确定和定位用于搜索和救援任务的现有设备和人员
- 根据需要确定并协调多方互相支援，开展搜索和救援
- 定位、救援、解救和治疗可能被困或受伤的受害者
- 协调、分配公共和私人资源并进行排序，包括行动需要的人员、物资和服务
- 提供可能由事件引发的所有搜索和救援服务
- 请求并协调美国陆军后备队（USAR）的到达和支持
- 协调当地的搜救响应行动

分配给 ESF♯9 的人员:

- 消防部门
- 执法部门
- 应急医疗服务部门

通常没有只提供搜索和救援服务的部门,许多管辖区将 ESF♯9 作为上述一个或所有部门的额外职责。在许多地方,这些职责由几个部门共同承担,也可以由所有部门共同承担。

常见事件和基本请求包括:

- 人员被困
- 在受到严重破坏的区域搜索受害者

7. 1. 10　ESF#10 危险品处置

ESF♯10 为已存在和潜在的有害物质排放或释放提供建议、响应行动和缓解措施,包括自然、人为或技术灾害导致的生物恐怖事件。

EOC 行动包括:

- 接收、整理危险品泄漏、释放和蓄意事件的报告,并对其进行重要性排序
- 发出警告并与负责响应的管辖机构协调
- 发出警告,必要时与增援危险品处置队进行协调
- 联系负责清理工作的承包商
- 对所有危险品事件或问题提供专业建议和响应

灾害发生后,危险品事故的数量可能会非常多。比如安德鲁飓风过后,就有数十起事件等待响应,小到民宅后院的丙烷储罐泄漏,大到主要危险品场所的严重破坏,无所不包。根据事件的类型,自然灾害发生后的最初几个小时,由于接到的电话数量太多,而响应资源太少,这时 ESF♯10 就非常重要。你应该建立一个"事前优先级列表",以便能够以正确的顺序处理这些电话,并首先处理最紧急的事件。

分配给 ESF♯10 的人员:

- 消防员

在地方一级,此类响应通常由消防部门处理,或在某些情况下由其他机构处理。该 ESF 可与消防部门 ESF 或处理此类紧急事件的部门或机构的相应 ESF 合并设置。

常见的事件包括：

- 室内天然气泄漏
- 家用和商用丙烷储罐泄漏
- 危险品目标受损引起的危险
- 容器内未知物质泄漏
- 柴油泄漏
- 汽油泄漏

基本要求包括：

- 授权危险品的处理场地
- 授权焚烧危险品残骸
- 危险品清理小组

7. 1. 11　ESF#11 饮食保障

该工作组负责确定行动期间对食物和水的需求，并通过供应中心协调这些所需物资的位置、运输和分配。（许多州和地方司法管辖区的 ESF 架构不同于 FEMA。在 FEMA，ESF♯11 被叫作农业和自然资源工作组。考虑到与这些工作相关的问题数量不同，许多州和地方社区将 ESF♯11 调整为能更好地满足其需求的 ESF。应急管理者通常会对 ESF♯11 到♯16 进行调整，以针对性地满足社区的需求。NIMS 的优势在于它不是一个固定的组织结构图，而是能够根据需要进行灵活调整。）

EOC 行动包括：

- 确定食物和水的需求量，例如受灾群众人数
- 确定并清点可容纳食物和水的仓库
- 确定配送中心
- 与运输部门协调，将物资运至配送中心
- 根据灾害的影响范围确定需求并确保食物供应
- 确定向群众分配家庭用品的需求
- 确定食物、水和冰的分发点
- 与分发点建立联系
- 协助 ESF♯6，为避难所提供安置群众所需的食物和水

这可能是一项庞杂的工作，具体取决于灾害的规模大小。如果是对数万人或更多人造成影响的大规模灾害，如飓风或地震，那么保障行动可能

更加复杂。ESF♯11 将与许多其他的 ESF 密切合作，以完成相应的职责。与资源支持工作一样，该工作也可以快速变成大型且复杂的行动。

应分配给 ESF♯11 的成员：

- 社区事务或外联部门
- 设施管理人员
- 红十字会
- 救世军

常见的事件包括：

- 需要额外食物供应的避难所
- 为停电的人提供冰
- 为没有供水的人提供水
- 食物

基本要求包括：

- 获取食物供应
- 根据不同需求安排分发点
- 安排将物资运输到分发点
- 与州和地方机构协调，提供食品券援助
- 确保养老院有足够的食物、水和冰
- 确保医院有足够的食物、水和冰
- 饮用水
- 水罐车
- 冷藏拖车
- 冷冻拖车
- 装冰的二轮半拖车
- 干式储存拖车
- 食物
- 冰
- 相关食品
- 干冰
- 婴儿配方奶粉
- 即食餐
- 移动厨房

7.1.12　ESF#12能源供应

该工作组负责协调能源系统的恢复，以及提供必要且可用的应急电源。

EOC行动包括：

- 对能源系统损坏、能源供应、需求和要求进行评估，以根据需要恢复和提供额外能源
- 协助应急机构获取应急/临时能源，用于应急行动
- 为响应机构评估和协调能源供应
- 能源基础设施的损失评估
- 将需要维修的工程确定优先顺序
- 协调并监督上述维修
- 协调完成维修所需的外部资源
- 根据需要提供应急电源，以支持救援工作和灾后响应工作

飓风带来的挑战是最大的，在风暴过后，通常整个配电网路都需要更换。有些特定地点的事件，如恐怖袭击事件，可能需要考虑到长期运行，因而要专门建造新的电气线路。灾害发生后的电力恢复，可能是使社区恢复正常状态的唯一最有效手段。此外，研究表明，断电是造成企业停工的最主要因素，因此它也决定了该社区经济受影响的大小。企业越早恢复经营，许多ESF就能越早结束工作，因为这些ESF的工作通常是由该社区的地方企业完成的。

初期作战行动包括：

- 联系为社区提供服务的天然气和电力供应商，以获得所需的损失评估和援助
- 为初期作战行动确定优先顺序并制定行动策略
- 安排当地灾害评估团队，以确定当地对公用设施恢复的需求
- 通知新闻发布官（PIO）当地公民应采取的所有预防措施

常见的事件包括：

- 为应急响应行动提供应急电源
- 停电
- 恢复用电
- 水泵站

- 为有特殊需要的避难所提供帮助

基本要求包括：

- 响应和恢复所需的技术评估以及相关知识
- 能源的相关信息——中断和恢复
- 恢复供电
- 为维修人员的卡车加油
- 协调增援的电力修复人员
- 液化石油气
- 发电机供应商

7.1.13　ESF#13 执法力量与军事援助

ESF#13 负责在发生灾害或紧急情况时，建立对所有执法人员、设备和行动的指挥和控制。（在 FEMA 的计划中，被称为公共安全和安保。许多社区和州将其作为军事援助或执法力量联合军事援助。执法部门是安全部门和军事援助部门的理想联系人，它可以协调国防部和国民警卫队军事资源的使用，以支持当地司法管辖区的应急响应行动和恢复行动。）

EOC 行动包括：

- 协调军事行动来支持应急响应工作
    - 运输
    - 通信
    - 群众安置
    - 资源支持
    - 医疗设施
    - 公共卫生
    - 搜索与救援
    - 食物和水
    - 能源
    - 安全
- 规划并协调州和联邦政府执法资源的使用
- 建立交通管制点并配备交通管制人员
- 维护法律和秩序

- 在有需要的时间和地点提供安全保护
- 协助传达疏散信息，并在疏散过程中负责交通指挥

应分配给 ESF♯13 的成员：

- 地方执法机构人员
- 国家国民警卫队代表（如有）

常见的事件包括：

- 通过传达信息和强制疏散来协调疏散行动
- 道路检查站
- 哄抬物价执法
- 交通管制
- 避难所安保
- 严重受损商业区的安保
- 实施宵禁
- 灾区入口的管控
- 军队后勤的支持

基本要求包括：

- 快速进行影响评估的团队
- 直升机
- 联络官
- 检测设备
- 发电机
- 卡车
- 护卫队
- 车辆维护
- 即食餐
- 高轮车辆
- 地图
- 毛毯
- 淋浴室
- 前端装载机
- 帐篷

7.1.14 ESF#14 公共信息

该工作组的工作在 FEMA 计划中被称为"长期恢复工作",它通过新闻发布会、互联网和社交网络等一切可行的方式向公众持续提供最新信息。在灾害发生后向公众持续提供最新可靠的信息,对于所有行动来说都至关重要。为了确保公众了解社区为满足公众需求所做的所有工作,以及这些工作目前的状况,这是社区能采取的唯一措施。如果没有这些信息,即使是一个成功的行动,在公众的眼里也可能是失败的。因此,必须要让公众感到,社区正在尽一切可能满足每个人的需求。保证公众一直能了解情况确实十分重要,这一点再怎么强调也不为过。灾害既是一种物理性质的破坏,更是一个社会和媒体事件。如果公共信息部门没有积极采取行动,那么,即使是快速有效的响应行动也可能被视为是失败的,公众舆论只关注看到和听到的现实,错误的舆论不仅会影响参与救灾的人员的职业生涯,还会加剧灾害对社区经济福祉的长期影响。

EOC 行动包括:

- 建立一个收集有关紧急情况的信息中心
- 建立一个向公众传达有关紧急情况或灾害情况的信息中心
- 为媒体建立一个信息中心,以便收集有关紧急情况或灾害的信息并传达给公众
- 制订在紧急情况或灾害期间向公众传播信息的标准格式
- 制订新闻发布会和新闻发布的时间表
- 建立公共信息热线并记录信息
- 与高级别官员和应急管理者协调,确定应向媒体发布的信息
- 撰写和发布新闻稿
- 接听所有有关紧急/灾害情况的媒体电话
- 陪同 EOC 里的记者,并按照 EOC 的媒体指南开展行动
- 向高级别官员的新闻联络人通报与行动有关的所有事项
- 监控媒体的消息来源,确保媒体收到正确的信息并更正错误信息
- 规划和协调新闻发布
- 确定是否需要一个联合信息中心,并与民选官员和应急管理者协调,一起确定应该参与其中的人员名单

7.1.15 ESF#15 志愿者与捐助

在大型灾害中，社区会出现大量的救援物资以及急于参加援助的志愿者，为确定志愿者的数量和类型，需要与接收他们的中心以及可能需要他们帮助的 ESF 进行大量协调工作。该工作组的人员要具体负责以下行动：

- 通过 ESF 的评估和要求，以决定并确认志愿者和救灾物资
- 与提供援助的相关志愿机构或私人组织沟通所需的设备、物资和补给
- 与 ESF♯6（群众安置）和 ESF♯8（卫生与医疗）进行协调
- 与相关的州和联邦政府机构协调所需的志愿者
- 选择合适的志愿者机构或者通过私人渠道来满足收到的行动需求
- 记录所有捐款人的相关详细信息
- 与志愿者集结点协调，以满足相关需求

7.1.16 ESF#16 动物保护

灾害发生后，对流浪宠物和动物的照顾与救援已成为日益重要的问题。如果成千上万的动物得不到救助，任它们自生自灭，会从小麻烦演变成公共安全和卫生问题。安德鲁飓风过后，志愿者们在搜寻遭到破坏和废弃的房屋时，都发放了棍棒，用来驱赶大量饥饿的流浪狗以防遭受它们的伤害。如果它们得不到救助，腐烂的尸体对公共卫生造成的风险会越来越大。而现在，有许多优秀的志愿者组织在灾害发生后帮助解决具体问题。ESF♯16 将协调当地和外部机构，对这类大型复杂问题进行响应。该工作组负责以下行动：

- 灾害结束后，管理与动物有关的所有问题
- 协调即将到来的志愿者动物救援队

应分配给 ESF♯16 的人员：

- 当地动物管控部门
- 美国防止虐待动物协会（ASPCA）

常见的事件包括：

- 牲畜问题
- 牲畜和宠物的死亡
- 动物收容所遭受破坏
- 被遗弃的宠物问题

基本要求包括：

- 动物食物
- 动物的长期喂养
- 临时的动物收容所
- 寻找丢失的宠物

7.2　ICS

ICS 是一种管理系统，目的是管控、统筹投入灾害响应的资源。事件指挥官（IC）负责全面统筹该系统的运行。IC 凭借明确的法律、代理或授权行使指挥权力。在某些情况下，联邦、州或地方性法规可能要求或建议使用 ICS，使用该系统的优势如下：

- 通用术语——可以让本国所有地区的所有人在 ICS 下进行有效沟通，可以避免相似职能、行动和人员的通用术语混淆
- 模块化结构——它是一种自上而下的结构，由 5 个职能部门组成，即指挥组、行动组、计划组、后勤组和行政/财务组，在面临灾害的时候，使用者可以建立一个具有相应应对能力的组织

  ——指挥组：负责指挥、管控资源或为其排序，包括人员和设备，可以使其在行动期间发挥最大的优势

  ——行动组：由行动部门负责人进行协调，并向 IC 汇报；负责在行动中制定战术

  ——计划组：由计划部门负责人进行协调，并向 IC 汇报；负责收集、评估、传达和应用有关事件的信息，以及现场使用或需要的人员、设备和用品的状态

  ——后勤组：由后勤部门负责人进行协调，并向 IC 汇报；负责提供设施、服务、人员、设备和物资

  ——行政/财务组：由行政/财务部门负责人进行协调，并向 IC 汇报；负责跟进行动中所有的花销，并评估行动中的财务因素

- 综合的通信计划——协调可用通信手段的使用，并为不同部门分配通信频道
- 有效的控制范围——控制向同一个人报告的人数是最重要的一个方面，这可以确保对行动的各个方面都能有适当的指挥和管控（每个负责人都应该有 3～7 名人员向其报告情况，5 人是最理想的）

● 指挥所——一个指挥所负责指挥所有行动

7.3 ICS/EOC 的对接

这两个指挥系统旨在管理两个不同级别的事件。ICS 旨在管理事件战术的、实际的行动，而 EOC 旨在管理应对事件的行动需求。EOC 是现场 IC 与县、地区、州和联邦社区内可能有助于事件管理的资源、组织和机构之间的联结点。

IC 只负责指挥单个灾害的行动，而 EOC 可能与全县或州内的多个 IC 一起工作。EOC 必须平衡所有这些行动的需求与必须单独解决的其他问题之间的关系。因此，这些指挥官与 EOC 之间的对接至关重要。由于 IC 需要额外的人员或资源配合，所以 EOC 需要确保他们及时收到这些人员或资源。EOC 使用 ESF 组织结构的原因，是要整理并解决这些 IC 的要求。通过运用 ESF，每个领域都有一个团队来满足他们的需求。如果现场 IC 需要一个城市搜救团队，那么 ESF♯9 将会处理各种细节问题，尽快将团队部署到现场。现场所需的每一项要求都会得到响应。合适的 ESF 将负责确保并跟进所需资源或团队到位的进度。

EOC 与 IC 及其人员之间的这种联络通常比较困难。除非在灾害发生前已经建立了通信系统，否则现场和 EOC 之间的通信可能会产生混乱。现场人员可能直接联系相应的 ESF 并请求所需的物资，也可能传达给 IC，由 IC 联系应急管理者，然后由应急管理者向 ESF 下达任务。哪种方式都可行，但在灾害发生前，每个人都必须清楚将要用到哪种模式。某些行动部门通过其相应的 ESF（即消防、执法与安全或市政建设及工程）开展工作可能会更得心应手。与理解其特定行动语言和需求的人员合作，可能是实现两个不同指挥层之间沟通的更好、更有效的方式。而这并不容易，这需要在灾害发生之前进行演练。理想情况下是 EOC 和各行动部门共同演习，以确定在灾害期间最适合使用哪种通信方式。无论选择哪一种，都需要一定时间和双方的共同努力，才能保证在灾害期间沟通顺畅。

7.4 结论

NIMS 和 ICS 都是模块化的、易于调整的指挥架构，可根据司法管辖区和行动的需要进行搭建。两者都是从重大灾害中吸取教训后发展而来的，这些重大灾害中混乱和缺乏协调的组织导致了响应行动的迟缓和混乱。如果每个人都了解这些系统的运行方式和原理，这些系统就能正常发挥作用。它可以确保在行动中提供协助的当地和外部机构都能了解其指挥架构，以及在行动中如何与其对接。使用 NIMS 和 ICS 并不能一定保证响应行动顺利进行，但它为一起工作的多样化机构提供了一个所需的共同架构，指挥架构的运作还是取决于从事各种工作的人，但使用 NIMS 和 ICS 可以使他们的工作更容易、更高效。

第 8 章
技术和社交媒体

应急管理实际上是在压力条件下进行的信息管理。如果没有合适的信息技术，应急管理者就无法完成应急管理工作。根据定义，应急管理工作是要收集、整理信息并对其排序，然后依据信息采取行动。这些信息可能来自于数十个来源和媒体。应急管理者选择的所有技术都必须满足其中一个或多个信息源的需求，否则该技术将毫无用处。应急管理者只有及时、准确地收集信息，并对这些信息采取必要的行动，才能发挥他们的领导作用。

所需的技术类型是信息管理和通信技术。在当今的互联网时代，EOC必须要能够管理灾害发生后社区出现的大量信息。然而，即使有合适的技术，也很难做到这一点，更何况如果没有这些技术，想要完成应急管理工作几乎是不可能的。因此，关键问题是选择能够满足EOC需求的合适的技术，并能够得到社区信息管理部门的支持。

在为EOC购买任何技术之前，请与信息系统部门进行协调。因为信息系统部门人员将负责把购买的技术集成到现有的网络中，所以他们必须能够在行动前、行动期间和行动后为这些技术提供支持，没有他们的支持，这些技术将无法充分发挥其应有的作用。因此，在做任何事情之前，要先发展一个合作伙伴或长期联系人，他们可以从信息管理的角度，帮助你评估所有购买的软件或硬件。将应急管理者的知识储备和信息技术专家对技术细节的理解相结合，能够确保你获得合适的信息软件或硬件。

8.1　通信

在灾害期间，一个EOC必须能够与现场响应人员以及其他EOC进行通信。这种通信可以通过无线电、手机、有线电话或三者的任意组合进行。如果你已经加固了EOC，使其足以抵御飓风或地震，那么早在灾害发生之前，你就要在EOC内对收音机和手机进行测试，确保它们确实好用。根据笔者的经验，人们发现，在已经加固的EOC内，无线电和手机并不能稳定地与外部进行通信，因此不得不增加设备来辅助手机和无线电进行通信。这不是一个不起眼的挑战，它需要花费一些时间、精力和资金来解决。所以，在未经测试前，永远不要假设无线电和手机可以与外部通信，这意味着要测试你管辖范围内的所有无线电系统。公共安全机构使用的频率与市政建设及工程或其他部门不同，都必须测试自己的系统，看看是否能正常工作。

在确定了它们都可以正常使用后，你还需要处理同一个房间里不同频率、不同部门使用的十余台收音机的噪声问题。如果你社区的各部门没有为收音机配备相应的耳机，那么就需要让他们自己购买耳机或你帮助他们购买。EOC本身就是一个十分嘈杂的环境，因为即使没有收音机的额外噪声，也还有很多人大声说话的声音。那么，只需要为每个收音机配备一个耳机，就可以显著降噪，使用者也可以在EOC这样嘈杂的环境中听清别人说的话。

8.2　电视台接收

至关重要的是，你必须给EOC接入一些电视频道，用多台电视机分别播放各个地方和国家电视频道。有些人可能会质疑这一需求，但你必须能够跟踪主流媒体代表报道的消息，不需要更多的理由，最起码你要确保主流媒体正确地报道了你起草的公告。例如，在一次飓风期间，当地的电视台错误发布了避难所开放的名单，如果EOC没有跟踪电视台的报道，他们就不会知道电视台发布了错误信息。

EOC应该要有足够多的屏幕，以便每个地方电视台都能同时播放，并有一到两个额外的屏幕用来监控国家级的新闻网络。只需要打开其中一个频道的声音，EOC的人便能进行收听。当某个频道似乎正在播报需要收听的重要信息时，系统要能够将音频从其他频道切换到该频道。

因为公众会收听这些电台，所以你需要知道主流媒体在什么时间报道什么内容。尽管人们接收信息的方式发生了变化，不管是互联网还是Twitter，但仍有一部分人依赖于久经考验的、真实的传统媒体。跟踪主流媒体的报道是新闻发布官（PIO）职责内的工作。新闻发布官和分配给他们的其他人员必须掌握主流媒体所报道的内容，以便他们能够撰写新闻稿，以纠正媒体报道中的错误或强调报道中遗漏的要点。

8.3　EOC的软件

确保行动顺利开展所需的另一项重要技术是一个好用的EOC软件包。现在社会上有数百种软件可供选择，每一种都有其自己的优点和缺点。这需要你和你的信息管理负责人开展调查，并找到一个适合你的需求、预算和基础设施的软件包。这不是一项简单的任务。

在查看和挑选软件包之前，应该先列出你认为对行动的开展至关重要的需求。如果你打算购买软件包，这个需求列表中的内容就是在挑选软件包时必须要考虑的事项。这些需求很大程度上可以帮助我们将众多的软件包和功能进行分类及排序。你可以组织你的职员以及行动期间分配给EOC的部门负责人，一起制定这份需求列表。通过这一工作，可以制定出一个明确的最低功能需求列表，并用它作为过滤器来帮助我们缩小寻找范围。

软件能够符合需求这一点是至关重要的，因为它将是EOC中进行信息组织和显示，以及沟通联系的工具，所以它必须满足你的需求。在选择合适的EOC软件时，应该考虑的一部分需求包括：

- 信息可视化——能够在地图上显示收到的信息，这样可以帮助EOC的工作人员对灾害进行可视化，以便了解整体情况（你会发现有很多不同软件都能实现此功能，所以选择时要考虑使用偏好问题以及操作的简易程度问题）
- 协作技术——EOC工作人员之间利用软件进行协同工作的一种方式（传递消息、通用显示和其他类型的协作能力将有助于构建EOC中的工作组）
- 计划——工作人员应该能利用软件很方便地看到行动前制定的计划，而不需要退出软件
  —预期行动——软件可以为每个ESF和现场人员添加本地制定的预期行动列表，以便在他们完成任务和收集信息时进行核对
- 行动跟进和状态板显示——能够跟进行动的进度，并在行动过程中更新信息
- 记录——能够记录并归档消息、地图和其他关键信息，以备将来参考和记录保存
- 包含地方最新人员配置信息的组织结构图
- 内部和外部供应商、人员及机构的联系人列表
- 包含本地重要响应资源的资源列表、供应商列表以及他们可以提供的资源种类列表
- 参考资料——能够查看或安装标准参考资料，如交通部的应急响应指南以及你希望软件中能够提供的所有其他参考资料
- 软件可以接入互联网

- 能够支持你为 EOC 选择的组织结构类型，如 ESF、IC 等
- 软件中 ICS 和 NIMS 表格是否可用（这些表格对于在适当的时间和地点获得所需的资源至关重要）
- 符合 NIMS 标准的资源类型，以便正确地保存记录（因为需要使用正确的 NIMS 术语，所以使用 NIMS 的资源类型可以方便地请求援助。）
- 技术支持——帮助和排除软件内部信息的故障，以便信息系统部门能够在灾害发生之前、期间和之后为其提供支持（IT 人员对特定类型软件的投入和专业知识，对于任何决策的制定都很重要。他们应该属于最终要考虑的一个部分，因为他们将负责维护软件的正常运行）

这些只是你在寻找合适软件之前想要列进功能列表中的一部分需求，当然它们肯定不是详尽的。根据各社区不同的技术能力和预算限制，具体的列表可能更长或更短。在开始寻找之前先确定你的需求，这可以让你更快、更轻松地找到符合需求的最佳软件。

你必须在需求和功能列表的长度与软件的易用性之间取得平衡。除非该软件非常简单易懂，否则就需要经常使用它，来确保工作人员对它足够熟悉，以便能够在灾害发生时顺利地使用。由于大多数应急管理者培训 EOC 工作人员的时间有限，所以很难完成很好的培训。因此，在对需要熟悉软件的人员进行培训和让其真正掌握软件之间，很难取得很好的平衡。软件包含的功能越多，软件就越复杂，就需要越多的使用才能真正熟悉它。

如果你选择的软件包需要经常使用才能充分利用其全部功能，但你又无法安排足够的培训课程让每个人都能学到，那么你必须想一些变通办法。这里有两种解决方案，但都需要大量的工作人员才能实施。笔者曾在培训中使用过这种方法，取得了非常好的效果：由于专业知识丰富而分配到该岗位的工作人员需要专注于响应行动，而不是费心于如何使用软件，所以要么安排 EOC 中的流动工作人员，专注于在响应的最初几个小时或几天内为每个人提供帮助；要么能够为每个需要帮助的人指派熟悉该程序的工作人员，确保他们能够正确使用软件。

对软件的熟悉程度是一个始终存在的问题。这没有简单的解决方案，因为软件功能是必不可少的，而对软件的熟悉程度多半取决于使用软件的

人员的培训和练习时间的长短。你可以采取的另一种方法是，选择一个你的工作人员或指派一名能熟练使用软件全部功能的人，作为给众多任务提供帮助的联系人，将该人员分配到 EOC 的计划部门，以确保至少有人能够利用软件生成所需的文件、报告和显示格式。

虽然每一个人都提供不了全部准确的情况，但只要大家分工合作就能很好地完成所需的工作。正如前文所述，这是一个艰难的平衡过程，需要持续关注才能找到一个对你和你的组织都有效的解决方案。

8.4 社交媒体

Arbitron 和 Edison Research 最近的一项研究发现，12 岁以上的美国人中，近一半人至少使用过一个社交网站。2011 年的日本地震用实际证据证明，如果使用得当，社交媒体可以拯救生命，这使人们开始充分相信社交媒体对于应急管理工作的实用价值。

日本国家气象局将地震科学与社交媒体相结合，为公众建立了预警系统。地震发生时会产生不同类型的地震波，有 P 波和 S 波，P 波传播速度比 S 波快得多。P 波不会引起震动破坏，但它会在 S 波之前穿过地球，而正是 S 波引发震动并造成建筑物和基础设施的破坏。P 波会比 S 波早几秒钟到几分钟出现，这取决于你离震中的距离。

日本气象局利用这种现象为公众开发了一个报警系统。系统利用地震仪探测地震产生的 P 波并快速分析它的强度，如果地震强度大于 5 级地震的阈值，系统就会自动发出警报。

数百万人的手机都会收到通知短信；疾驰的列车会停止行驶；收到通知的工厂和石油化工厂会停止运行；电视台会中断正在播出的节目，来告知公众地震即将发生。全国收到通知的整个过程只需要 8.6 秒，这挽救了无数人的生命。现在强大的科学技术给应急管理者带来的力量是十年前人们梦寐以求的，随着新技术的出现，这种力量会不断增强。

即使应急管理办公室不使用社交媒体，公众也会纷纷登录 Twitter（推特）和 Facebook（脸书），获取受灾地区的即时信息。在日本地震期间，Twitter 上到处都是在日本的人发的推文。人们下载看完地震及其破坏的视频一个多小时后，所有的主流新闻网络才发出相同的视频。当美国航空公司的客机在纽约哈德逊坠毁时，第一张闪现在世界各地的照片并不是来自新闻机构，而是来自 Twitter 上的某位用户。海地地震期间，

Twitter 成为大多数密切关注灾区人的主要信息来源。在报道 2007 年墨西哥地震时，Twitter 以几分钟的优势击败了地质调查局的地震灾害计划项目。

人们渴望得到有关灾害的信息，如果他们的亲人处于危险之中，那么这种渴望会变得更加强烈。因此，如果他们无法从传统的新闻渠道获得所需的信息，他们将转向"不太可靠"但获取信息速度更快的社交媒体。一旦他们发现自己所爱的人仍然安全，能够直接联系他们所爱的人，或在 Facebook 上看到相关信息，这可以帮助他们冷静下来。这减轻了当地应急管理部门的一些传统压力，即设法让受灾地区以外的家庭知道他们所爱的人是安全的。

但社交媒体不仅仅只是为了向公众告知危险。正如联邦应急管理局局长克雷格·福盖特（Craig Fugate）近期所说："我们必须停止将公众视为一种负担，而是开始将其视为一种资源。社交媒体为受灾区提供了双向对话的渠道，以便我们能够将人们与信息、资源和想法等联系起来。"公众可以成为应急响应人员的信息来源，而社交媒体正是通过允许应急管理机构直接与个人进行联系，从而实现了这一目的。

8.4.1　Crowd Sourcing（众包）

Ushahidi（斯瓦希里语中译为证据或证人）是一个开源（免费）的应用程序，最早是肯尼亚用于绘制 2007 年选举期间的"政治暴力"报告地图。用户可以收集通过电子邮件和短信方式发送的暴力事件报告，并将其放在谷歌地图上。后来，该应用程序被用于跟踪南非的反移民暴力。海地地震发生时，乌哈希迪、塔夫茨大学弗莱彻法律和外交学院、联合国人道协调办公室/哥伦比亚办事处和国际危机地图绘制网共同使用了该应用程序。他们创建了一个交互式地图，用来显示请求援助的位置。将这些完全不同的信息汇集到地图上，可以清楚地看到大部分发生破坏的位置，以及最需要援助的地方。甚至被困在废墟中的人们也可以在 Twitter 上寻求帮助。这使得应急资源可以用于最需要它们的领域。海军陆战队和海岸警卫队也使用这些地图帮助他们开展救援工作。

自海地地震以来，众包已在许多不同种类的灾害和社会动乱/骚乱中得到应用。在智利地震中，它被用来绘制人员受伤和地质破坏情况地图；它在利比亚被用来绘制针对示威者的暴力行为地图；在日本地震期间，它被用来报告避难所、食品店、开放加油站、道路封闭情况、建筑物损坏评估和手机充电中心情况；甚至在华盛顿特区发生雪灾的紧急情况下，它还可以被用来绘制街道封闭地图。因此，将群众作为信息来源已被证明是一种真实的、可采取行动的情报资源，这可以提高应急响应的效率。

虽然使用社交媒体有很多优势，但仍然有许多问题亟待解决。其中最大的问题之一是验证信息，并剔除错误信息以及完全虚假的报告。然而，从使用社交媒体的整体经验来看，它被用来协助响应行动，而不仅仅是作为一种与群众沟通的手段，它确实被认为是积极的、成功的。

使用众包的一个最简单的方法，就是发动灾害发生时不值班的公职人员。只需要发布一个常规命令，即要求所有不值班的公职人员尽快通过手机报告附近的环境破坏和人员受伤情况。这些人分布在各地，可以帮助你尽快了解司法管辖区的情况，并知道破坏和伤亡最严重的地方。

将这些报告与另一个可靠的机构结合起来，即结合在当地接受培训的社区应急响应团队，可以帮助我们更好地了解情况。CERT（社区应急响应团队）是由社区培训的，所以他们可以提供更有组织、更全面周到的情况。如果将这两个信息来源与公众信息结合起来，很快就可以开始绘制应急行动的通用操作图（COP）。

与此同时，包括 Ushahidi 创始人在内的许多团队都在开发软件，以对灾害后产生的数据进行验证、组织和排序。随着开发工作的进步，我们可以获得更多的工具，帮助当地应急管理者对海量信息进行分类和排序，以协助他们开展响应行动。

8.4.2　Facebook（脸书）

公众可以通过访问 Facebook 页面，获取及时、准确的信息，这是联系社区的另一种方式。但任何一种社交媒体都无法取代当地媒体，因为在灾害期间，人们仍然希望看到当地官员的行动并听到他们的讲话。而 Facebook 页面和其他类型的媒体则可以在很大程度上为人们提供更多具体的所需信息。安德鲁和雨果飓风过后，当地报纸上写满了一长串人们可以获得食物、冰、水和其他援助的地址。媒体可能需要几天时间才能发布这些信息，但通过使用 Facebook 和其他技术，几乎可以实时发布这些信息。

Facebook 上可以发布官方信息，而每个人也都能看到，这是对大量个人发布的"非官方"信息的平衡，它使当地社区加入到与社交媒体的对话成为了可能。公众迫切需要能够给他们提供帮助的有用信息，当地应急管理机构则需要成为这些信息的来源。Facebook 是一种非常好用的工具，当能够为公众提供所需物资和援助的地方一经建立，它就可以马上列出并发布清单，以及直接回答公众的其他问题。正是在人们需要这些信息的时候，它就可以提供一个双向对话的渠道。

如果打算要使用 Facebook，你就需要在灾害事件发生之前创建一个 Facebook 页面。虽然这看起来似乎为时过早，但只要你创建了页面，它就会引起一些人的注意。这会吸引一些粉丝，例如你的 CERT（社区应急响应团队）成员。创建页面后需要经常发布消息，比如安全提示、天气警报以及应急管理办公室可能希望公众了解的所有类型的信息。例如，洛杉矶消防局通过发布火灾警报和因事故导致的道路封闭，从而获得了 1 万多名粉丝。明尼阿波里斯市（美国一座城市）利用其 Facebook 页面，提供有关封闭街道和冬季停车限制的信息。华盛顿州交通部门使用 Facebook 发布交通警报、轮渡时间表和其他交通信息。

你可以发布关于天气网站的链接，这些网站能够提供完整的本地天气报告和其他应急教育信息，你也可以发布其他灾害发生时的消息和链接，这会让你的网页成为灾害前后获取信息的首选渠道。笔者曾经为社区创建了一个网页，只发布天气和飓风信息网站的链接，其他什么都没有，但它后来成为了该市最受欢迎的网站之一。在当今环境下，如果你不发布信息，人们很快就不会再访问你的页面，所以你要么发布信息引起关注，要么就会淹没在海量信息中。刚创建自己网页的时候，如果没有什么粉丝，不要气馁，因为一旦灾害真正发生时，人们就会关注你的网站，你的粉丝会成倍增长。

当灾害发生时，你要不断更新 Facebook 页面，发布特定类型的信息并回答新闻发布会中无法给出答案的问题。你要列出救援物资的位置以及有志愿者可以提供清理帮助的地方。一定要发布和公众有关并且有用的信息，不要在页面中给出"我们正在尽最大努力"这样笼统的信息，你需要发布公众需要的、有可操作性的信息。

对公众个人提出的问题进行回答可以提升公众的体验，会让公众觉得这更像私人定制，是针对他们个人的具体需求，而不是泛泛而谈。Facebook 并不能回答所有的问题，但如果使用得当，它会是所有响应行动中的重要组成部分，因为它可以让管辖区的负责人和当地公众之间进行双向对话。设想一下，假如你作为普通群众，在飓风过后急需相关信息，但却找不到，可以肯定的是，如果这时候网上有一个提供你所需信息的页面，可以让你排除很多不确定性。在危急时刻，在网上发声可以使你帮助到更多的人。

8.4.3　Twitter（推特）

在日本地震后不久的一项研究中，人们发现 Twitter 是唯一有效的通信技术。大多数用户通过 Twitter 告诉他们的粉丝他们是安全的，但也有一个缺点，即 Twitter 上会有一些虚假的谣言，这些谣言被不断转发，最后扩散到造成极坏的影响。由于 Twitter 上没有带有官方标签的"官方"推文作为信息来源，因此这加强了应急管理部门入驻 Twitter 的必要性。

Twitter 是一种最多只能发布 140 个字符的信息服务，由于它方便使用并且信息更新及时，因此得以迅速发展。它可以使得应急管理机构与公众建立快速且直接的联系。通过创建 Twitter 账户并发布最新的紧急情况和灾害信息，你的粉丝就会收到消息提醒，而他们都希望关注到你发送的所有消息。你可以向粉丝们发布有关街道堵塞、重大火灾、龙卷风警报和其他日常紧急情况的信息。

通过 Twitter 账号的验证，公众就会知道来自你账号的消息是可信的，而不是来自冒充你的人。你可以通过 Twitter 告诉人们，要求他们将消息转发给他们认识的人。如果这些信息是关于当地紧急情况的重要公告，那么随着收到原始推文的人的转发，以及他人一个接一个地转发，这些信息就会像病毒一样传播开来。如果发送的信息超过 140 个字符，你还可以直接在 Twitter 发布相关网页链接，这样智能手机和笔记本也都能查看这些信息。日本发生灾害时，Twitter 只能发送文字，与"9·11"事件时的情况类似，当时由于手机信号塔过载，手机和互联网服务严重受阻，短信是唯一能够发送的信息。

这种能够直接与公众建立联系的方式是应急管理中的一大进步。在 Twitter 出现之前，你必须依靠当地媒体通过紧急广播来发布信息，而这些方式只有在最严重和危及生命的情况下才能启用。有了 Twitter，你几乎可以成为粉丝日常生活的信息来源，这能够使他们更轻松、更安全地生活。无论他们身在何处，只需要一部智能手机或电脑，你就可以通过这种方式将信息发送给他们。因此，如果一场严重的雷暴或龙卷风突然暴发，并对你的社区构成威胁，那么除了警报或 EBS（紧急广播系统）之外，你现在有了另一种更直接的方式来联系公众。由此可见，Twitter 是提高社区安全意识和社区应急管理行动关注度的另一种途径。

8.5 结论

即使你不使用社交媒体，它也会是协助社区应对所有灾害的重要组成部分。Google 和 YouTube 都开放了寻人网站，可以帮助人们在灾害中找到亲人。公众可以使用 Twitter 和 Facebook 联系在受灾区的亲人，正如最近在日本地震中看到的那样，使用它们能帮助你和亲人得以团聚。如果你不使用社交媒体，那么你就无法充分利用这项技术。外部机构、志愿者团体和个人会利用各种媒体收集信息，并帮助社区内的受害者。这种外部援助更加强了使用社交媒体的必要性，并且你可以为公众提供自己独有的信息渠道，同时你也可以从这些团体获得有用的信息。

使用多个平台，并在所有平台上发布一致的信息——如果你通过 Twitter 发布了信息，那么你应该在 Facebook 页面上也发布同样的信息。使用 CrowdSourcing 程序获取信息，来协助你开展响应行动。也可以使用 Twitter 和 Facebook 向公众发布信息。

在紧急情况下，社交媒体应该成为你要选择的工具，再加上一贯使用的媒体策略，你就能够在社区公民需要时，向他们提供需要的信息。

技术是应急管理者手中最强大的工具。当一个司法管辖区的整个决策机构集成到一个 EOC 时，必须拥有必要的信息来帮助它做出正确的决策。作为一种工具，技术可以提供一个信息收集、分类和优先级排序的手段，最后还可以传达所做出的决策。技术还可以通过信息可视化，提高 EOC 中每个人共享通用操作图（COP）的能力，这可以实现共享态势感知并做出正确决策，从而使作出决策变得更容易。你必须仔细选择相应的技术，以符合社区的需求、预算和技术成熟度。由于有无数不同的软件、硬件和独特的技术供选择，因此，无论司法管辖区的大小如何，都可以组装一个能够符合其需求的工具包。虽然这需要一定的时间、精力与合适的团队来完成，但这终究是可以做到的，事实上，如果社区想要为应对灾害做好准备，就必须拥有一个符合需求的工具包。

第 9 章
团队建设:
核心联络组

各级应急管理者都需要与掌握该司法管辖区或部门资源的官员沟通合作来开展工作。大多数情况下，除了司法管辖区域为主要经济中心的应急管理团队，其他应急管理者的团队规模都非常小。与消防部门管理人员或警察部门管理人员不同的是，应急管理者通常不直接掌控资源，但将负责在应急行动期间自己和其他部门资金配置与工作协调的问题。

由于应急管理部门大多预算有限，因此无法通过扩招员工或者增设储备资源来应对突发灾害。同时，即使是州一级的应急管理者平时也有自己的主业，只有在突发灾害发生时才会执行应急管理者的职能。而建立核心联络组，可以有效解决突发灾害期间人员需求以及部门工作协调方面的问题，且不需要任何额外的花费。

9.1　核心联络组

核心联络组的概念如下：为应急管理者提供一支训练有素的跨学科人员队伍，这些人员将成为灾害响应期间的"指挥阶层"。由于应急管理者不可能具备应对灾害所需的所有专业知识，因此有相关专业知识领域的专家作为"核心组"来协助工作显得至关重要；同时还需要接受过抗灾专业训练的人员加入"联络组"协助指挥，用于应对灾害。

核心联络组成员一般由在灾害中发挥重要作用的社区部门代表组成。即使有些部门只是参与应急处置的外围工作，但是这些部门成员在日常工作中培养的技能将使他们在所有类型的灾害事件中发挥重要作用，从而可以应对不同类别、不同强度的灾害事故。

核心联络组的人员组成一般为 4～7 人，人员选拔要考虑多项因素，包括但不限于社区范围、人员的可用性和应急管理者的预期需求。核心联络组成员在平日里以各自部门的日常工作为主，这些工作可能包括社区范围内的人员培训、灾害应急预案的制定等。而在突发事件发生时，他们应当离开自己的部门，作为社区内应急管理团队的成员，充当各自部门或领域的联络者，帮助协调灾害响应。

最棘手的问题是：这些人员在原则上仍归各自部门管理，但是在灾害响应期间将临时充当本部门的代理人，部门的权力交接通常是很困难的。如果想让核心联络组制度发挥作用，这项问题必须解决。因此无论付出多少努力都是值得的，即使是需要应急管理部门和每个部门签订协议。

团队成员将在灾害响应期间代表各自部门，与应急管理部门开展合作，确保本部门的人员、设备得到最优运用。联络组成员这一角色意味着他们将与本部门领导合作和协调。在应急处置期间，所有单位或个人都应将联络组视为一个独立机构，这项要求很难达成，但是应急管理者和联络组成员都必须努力使这一特殊的职能合法化，同时扮演好自身角色。

理想情况下，一旦被选为联络组成员，就应当借调到应急管理办公室工作两年。两年时间足以使联络组成员成为训练有素的应急管理团队成员，并且不会对他们在各自原部门内的职位或是以后的工作生涯产生不利影响。但在当前环境中，由于各部门工作人员普遍不足，因此这样的借调方案几乎是不可能实现的（繁华的核心城市除外）。作为替代方案，当前一般采用由多部门委员会组建跨部门问题协调工作组。小组成员将定期举行会议，共同规划应急预案，并通过参加各种会议和救灾培训提升响应能力。

核心联络组应由社区内关键响应部门的人员组成。关键响应部门是指在任何种类灾害来袭的情况下都会参与应对并发挥作用的部门。而且"关键响应部门"并不是指特定的几个部门，而是会随着司法管辖区的规模和部门提供的服务变化，因此给出以下建议：为满足核心联络组的需求，应急管理者可以根据实际需求添加、减少或组合不同部门。由于不同司法管辖区内组织结构存在诸多差异，辖区可以自己决定哪些部门应当参与核心联络组，而不是规定哪些部门必须参与，以下是较为通用的示例。

核心联络组

- 执法部门
- 消防部门
- 紧急医疗服务部门
- 公共工程部门
- 信息服务/技术管理部门
- 信息公开部门
- 公共卫生部门
- 医疗部门

这样的小组架构囊括了几乎全部的"行动"部门。每个部门都担负着重要的日常行动职责，包括维护交通秩序、社会秩序和信息处理。这与灾害响应期间所需的关键响应能力完全一致。

9.1.1　执法部门（公共安全部门）

毫无疑问，灾害发生后，执法部门维护社会秩序和公众安全的作用是至关重要的。假如在灾害发生之前或者灾害早期需要应急疏散，执法部门也要负责规划协调疏散问题。如果是发生恐怖袭击造成的社会安全事件，执法联络员将负责与当地和外部应急管理机构协调调查。

如果司法管辖区内有一个以上的执法机构，在人员代表方面就必须做出一些调整。理想情况下，选出的人应当可以代表全郡/县所有执法机构。假如没有这样的人，那么这一部分需要几个代表就应当慎重考虑。选择选举产生的州长/治安官作为应急管理团队的一员，一般来说是比较合适的。

执法部门是灾害响应中不可或缺的基础部门。应急管理者应当确保当选的应急官员代表在计划和灾害响应中拥有适当的话语权，他们是作为真正的代表存在的。

9.1.2　消防部门

消防部门是另一个重要的基础部门，负责灭火、搜索和救援工作。诸多类型的灾害造成破坏后，消防员都是救灾的第一响应者，因为他们的职责就是在灾害发生后最初几小时或几天内尽最大可能去拯救生命和财产。目前大多数社区的消防部门已经从单纯的灭火部门发展成为一个更为全面的应急服务机构。他们不仅能处理火灾，而且能够提供以下服务：危化品事故救援，地下救援，水域救援，高角度救援（山地救援）、倒塌救援（地震救援），甚至飞机失事救援。以上所有类型的灾害救援不仅需要专门的训练，还需要专用的设备，并且在灾害期间以各种不同的方式使用。

消防站的选址一般要综合考虑社区的发展、交通便利性以及重点单位等要素（如医院、炼油厂和其他类型的设施），因此消防站一般处于社区中的战略位置。综上，灾害响应期间，消防站可以作为临时集结区、分发点、疫苗接种或药品分发中心，以及其他类型的社区临时服务点。除了上述提到的作用外，在许多社区，消防部门还能为社区提供紧急医疗服务，这又是一个灾害响应的重要能力。

最后，消防部门人员经过培训后，可以执行以上所列的大部分任务。专业的消防人员在日常工作中形成的丰富多样的专业技术能力，使他们成为了灾害响应、灾害处置工作的中流砥柱。

9.1.3　紧急医疗服务部门（急救中心）

在所有司法管辖区，EMS 都是医疗的一线护理提供者。EMS 单位每天都在户外为市民提供医疗服务，并与当地医疗机构相互协调。它们是医院和其他公共卫生设施的眼睛、耳朵和手，在灾害响应期间，他们在户外环境中的急救技能显得尤为重要。

在救灾过程中，可能会出现医疗设施完全损坏的情况，这时，EMS 前往受灾区域提供紧急护理的能力显得尤为重要。EMS 可以与受损医疗设施中的医生进行协调合作，将他们的技能用于扩大灾害期间医疗救助的覆盖范围，以帮助在重大灾害后的受灾群体。

9.1.4　公共工程部门（市政部门）

公共工程部门指的是提供水、电、卫生等基础服务的部门。受灾害影响，基础服务可能会中断，而长时间的基础服务中断可能会对当地经济带来巨大影响。此外，当基础服务中断时，发生公共卫生问题的可能性会急剧增加。基础设施的维修对于灾后重建、正常秩序恢复来说是至关重要的。

公共工程部门还拥有重型设备以及专业操作人员，一般来说，专业操作人员不但可以操作重型机械完成基础服务设施的恢复，还可以协助其他部门完成设施维修与恢复工作，因此该部门在灾后所需的各类支持工作及清理工作中尤为重要。

理想情况下，公共工程部门代表应当能够与水、电、污水处理等所有基础服务的部门进行沟通，但是实际上，大多社区并不能满足这个条件。因为大多时候，电力或自来水公司的服务范围很大，不只服务某一个社区。理想情况下，部门代表中也应该有该公司的人员，但相关公司可能会因为他们服务的社区范围而拒绝这项要求。这个问题由来已久，如果这些公司同意了一个社区的要求，那么其他社区的要求也就不好回绝。这对公司来说是一种负担。因此，如果核心联络组的公共工程代表并不能代表特定的服务领域，那么他们应该与所有的关键服务机构保持联系，并能够随时向他们求助。

9.1.5 信息服务/技术管理部门

根据上文提出的观点，应急管理是一种在紧急状态下的信息管理。其中，一个重要的环节就是让信息按照计划传输到 EOC，如果没有这个环节，灾害来袭后人们只能待在房间束手无策，因此灾后的另一项关键任务就是恢复社区的基础通信设施。一般来说，信息服务部门可以自己完成这项任务，也可以与外部供应商进行协调。通信供应商了解灾后服务的重要性，并拥有专业的团队与设备，可以随时对受影响地区提供技术援助，核心联络组中的信息服务部门人员将会与通信供应商来协调这项工作。

灾害来袭后，如果想要司法管辖区内的数据和语音通信正常使用，那么相应的基础设施必须拥有足够的稳定性，而且还需要提前准备好备用设施。在灾害响应期间，一个熟悉通信基础设施并能响应外部需求的专业人员，与执法人员、消防员或急救人员一样重要，如果没有这一项功能，核心联络组就无法完成工作。理想情况下，社区通信部门的代表应协助开展应急预案编制以及参与设备采购，在灾害处置期间可以派出一个或一队技术人员保证 EOC 正常运行。这种组合将确保为所有有需要的系统分配合适的资源。

9.1.6 公共卫生部门

一般来说，除非是由细菌、病毒引发的疾病对公众生命产生了直接威胁，否则公共卫生部门（疾控部门）通常都不在抗灾计划之内，但是这并不代表他们的专业技能不重要。需要考虑的是如何将公共卫生部门纳入所有灾害的应急预案中，并尝试从不同角度思考，最大程度地发挥该部门的作用。根据笔者自己的经验，在飓风救灾期间，公共卫生部门管理的特殊避难所发挥了关键作用，如果没有该部门的护士与工作人员，那就无法保证相关避难所的顺畅运行。

灾害发生后，传染病大肆传播的风险一直存在，但是由于专业关注点不同，其他部门的响应者可能会忽略这一方面问题，而公共卫生部门可以提前甄别出相关征兆并将这类事件尽早扼杀。"9·11"事件应对期间，公共卫生部门开展空气质量检测就是一个完美的例子，因此，将公共卫生部门代表纳入核心联络组并让他们参与制定预案是非常必要的。

9.1.7　信息公开部门

联络组的信息公开部门成员在抗灾期间应当作为新闻发布官（PIO），负责向新闻界与公众提供灾害响应最新信息。正如本书第8章所讨论的，新闻媒体曾经是应急管理小组与公众对话的唯一途径，但是随着自媒体的发展，PIO现在不仅要与传统新闻媒体对话，还要对社交媒体信息和网站信息进行监控。因此联络组可能只选择一个人作为该部门代表，但是监控各种类型的事件信息发布，确保向公众传递正确的消息则需要更多的人员参与协调。

PIO的工作是回应新闻媒体的问题，监督新闻界的报道，并帮助主管官员和应急管理团队撰写新闻稿。如果公众对某项问题有意见，则应由新闻发布官向相关部门人员了解情况，共同拟定新闻稿并确定信息发布的最佳方案，并在适当的时间传达给特定受众。

将应急管理团队处理灾害时所付出的努力公之于众是很重要的，这不仅是为了应急管理团队的职业声誉，而且还能让民众意识到问题正在解决、需求可以得到满足，因此适当的信息公开可以稳定民众情绪，有利于经济的复苏，这对灾后恢复至关重要。

9.1.8　医疗部门

医疗代表是核心联络组的必要成员。医院不仅对于救灾工作有着重要的意义，也是基础的生活配套设施，医疗部门也负责接收并照顾伤者，因此在灾害响应的各个阶段，与医疗部门的合作都十分重要。联络工作的理想人选是EMS（急救中心）的医疗主管。该人选在急救中心工作，且在医学界有一定的地位。通常来说，医学界是一个非常独立的群体，联络组的成员必须能在应急管理部门和医疗部门之间充当桥梁作用。急救中心主任与医院所有科室都很熟悉，因此作为核心联络组的医疗部门候选人是非常合适的。另一个合适的候选人是来自当地医疗中心或急诊室的急诊医师。得益于医院多年来的任务分配，急诊医师必须进行灾害应急预案编制和灾害应急演练，可以说一直处于应急预案编制和灾害应急响应的最前沿。因此，急诊医师对于灾害管理的许多概念的认识都很清晰，这对核心联络组来说将是一笔宝贵的财富。

这两种类型的医生都有丰富的工作经验和广阔的人脉关系。虽然这种级别的医务人员很难有足量的时间参与核心联络组的培训课程及日常计划，但是在救灾过程中，即使只是拥有一点相关的基础理论，他们都能发挥巨大的作用。

9.2　如何选择你的团队成员

选择核心联络组的人员时一定要慎重，在原部门内位高权重的人员不应纳入候选人名单，因为他们在原部门内通常有很重要的日常工作任务，并且在灾害响应期间还需要领导本部门开展应急响应行动。理想的候选人应是部门的中层管理人员，因为这个阶层的人员对于部门运作有足够的认识，他们的部门领导也会因为他们丰富的资历相当重视他们的意见，这可以在核心联络组需要协调计划或了解问题时提供很大的助力。

每一名核心联络组成员都能认真看待这项工作，将这项工作看作自己人生中一项新的挑战，并且乐于在灾害响应工作中学习新技能，这才是核心联络组最为理想的状态。而将核心联络组工作当作个人上升的垫脚石的想法并不太靠谱，因为对于大多数部门来说，这项工作并不会对他的升迁有什么帮助，甚至在有些部门，这项工作还可能影响他们的晋升。虽然存在以下这种情况：在灾害响应过程中，核心联络组成员由于其亮眼的表现得到本部门或其他部门官员的关注，因此得到重视并且获得晋升，但是这种概率微乎其微。

所以在进行核心联络组人员选拔时，要仔细考察每名候选人。如果某部门派出的候选人不合适，并且该部门不予置换的时候，最好的办法是从核心联络组中剥离出该部门的功能：与其要一些用来充数却发挥不了作用的团队成员，还不如没有。而假如在后续灾害响应的过程中，该部门的领导意识到本部门与联络核心组渐行渐远时，核心联络组有很大概率得到一个更合适的成员。

9.2.1　培养五项核心能力

完成了成员选择与团队分配后，指望他们立刻能在抗灾过程中发挥巨大作用是不现实的。由于核心联络组选择的成员都是各个领域的专家，他们的技能都应当被团队内其他成员所尊重，并且由于各自的成长背景、职业文化和技能组合是不一样的，所以团队的学习培训是一项巨大的挑战。

对于核心联络组成员来说，最好的学习方式不是没完没了地上课，而是直接组织模拟行动，例如设计一个虚拟场景，给定任务目标，添加限制条件，随后让团队成员开展演练。设计的场景任务应当强调团队成员的协调互动，当成员一起解决不同类型的问题时，团队就会自动形成一种动态的协同工作模式。通过设计多种不同的场景，让各部门代表轮流带头解决问题，久而久之，团队成员对彼此的领域都会有更深入的了解，工作开展就会更加顺畅。虚拟场景的设计并不一定要很大很复杂，场景的设计目的应该是突出某一类型的问题以及后续它可能导致的所有相关问题，并且在模拟训练过程中得到相应的解决方案。更多关于团队培训细节和联系的内容，在本书第 10 章中有更详细的介绍，在此不再赘述。

9.2.2　灾前日常工作

通过制作社区内每个部门的通用操作图（COP）并分发给每名团队成员的方式，同样可以有效增强核心联络组应对灾害的能力。核心联络组应当掌握社区内所有可能影响灾害响应能力的变量：例如，公共服务维修工程可能对交通产生影响，或者出现设备被占用等问题。相关部门应当可以通过 COP 实时获取灾害响应的可用资源情况，一般来说，各部门必须确定基本可用资源数据，才能开展应急响应工作。

大漏洞

我当时正在向另一个社区提供飓风应对方面的培训。在我们开始实训前，我提到无论多完美的计划，社区日常工作中的变量也可能让计划变得毫无用处。随后我环顾了一下房间，问道："如果社区现在发布飓风警报，社区的应急能力会不会被当前正在进行的项目影响？"

我以为会有一些人提到暴风雨来袭之前必须解决的小问题，结果我看到一个人脸色突然一变，好像意识到了什么重要问题。于是我看着他说："你好像意识到了一个大问题。"

> 　　他是公共服务工程的负责人，他所在的部门刚刚开始对该市大部分地区的排水系统进行重大升级。事实上他们刚刚拆除了地下排水系统的主要部分，还没来得及更换它。临时修复需要耗费更多的时间，暴风雨的到来会让工作难度呈指数级攀升。他解释说，因为排水系统已经停摆，如果飓风来袭，大规模洪水所造成的破坏会由于排水系统的升级而更加严重。所以如同我说的：无论多完美的计划，现实都会狠狠地给他一巴掌。

　　鉴于上文所述，应急管理部门必须意识到社区的状况不是一成不变的，为了随时做好灾害应急的准备，需要将社区看作一个动态变化的有机体。核心联络组应实时掌握社区以下情况——基础建设、突发事件以及其他可能会对社区灾害响应产生影响的工程或项目。虽然这项内容在灾害信息的基本要素（EEI）中并未提及，但掌握以上信息可以很大程度上提升对于社区实时应急能力的认知。将以上内容融入核心联络组成员的日常工作不仅有助于增强团队合作，还能使通用操作图的概念真正深入到应急工作之中去，而不是只作为一个概念存在。

　　灾害来袭时，核心联络组成员的工作是带头在各自部门收集 EEI。无论他们是否在 EOC，有没有接到命令，联络组成员都应当立即开始收集有关他们特定专业领域的信息。而通过收集到的信息，他们就可以回答救灾的第一个重要问题：即我们有什么。

9.2.3　日常信息的基本要素

- 执法部门
  - 资源的部署
  - 人员状况
  - 场所状况
  - 装备状态
  - 居民死亡、受伤、失踪人员的现场报告
  - 关键基础设施的现场报告
    - 道路
    - 医院

—房屋受损或毁坏的现场报告
- 消防部门
　　—资源的部署
　　—人员状况
　　—场所状况
　　—装备状态
　　—居民死亡、受伤、失踪人员的现场报告
　　—关键基础设施的现场报告
　　　　○ 道路
　　　　○ 医院
　　—房屋受损或毁坏的实地报告
- 紧急医疗服务部门
　　—资源的部署
　　—人员状况
　　—场所状况
　　—装备状态
　　—居民死亡、受伤、失踪人员的现场报告
　　—关键基础设施的现场报告
　　　　○ 道路
　　　　○ 医院
　　—房屋受损或毁坏的现场报告
- 公共工程部门
　　—资源的部署
　　—人员状况
　　—场所状况
　　—装备状态
　　—居民死亡、受伤、失踪人员的现场报告
　　—关键基础设施的现场报告
　　　　○ 道路
　　　　○ 电梯
　　　　○ 供水和污水处理

- ○ 电网
- —房屋受损或毁坏的现场报告
- ● 信息系统部门
  - —资源的部署
  - —人员状况
  - —场所状况
  - —装备状态
  - —关键信息基础设施受损
    - ○ 计算机系统
    - ○ 无线电系统
    - ○ 电话系统
    - ○ 911 系统
- ● 医疗部门
  - —医疗场所状况
    - ○ 医院
      - □ 医疗床/手术床
        - · 实际可用的床位
        - · 有人值守床位
        - · 无人值守床位
        - · 占用床位
        - · 可用床位
      - □ 重症监护室
        - · 烧伤 ICU
        - · 儿科
        - · 儿科 ICU
        - · 精神科
        - · 负压/隔离
        - · 手术室
      - □ 人员配备
        - · 医生
        - · 护士

- 技术人员
  - □ 峰值能力
    - 可在 24 小时内使用的值守床位
    - 可在 72 小时内使用的值守床位
  - □ 电
  - □ 水
  - □ 发电机
    - 汽油
  - □ 粮食供应
  - □ 通信
  - □ 药房供给
  - □ 太平间情况
  - □ 患者转运需求
  - □ 疗养院
- 公共卫生部门
  - —特殊威胁或持续存在的问题
- 信息公共部门
  - —预定的活动或会议

9.2.4　团队

　　对团队统一开展组织培训的重要意义会在日后灾害响应工作中有所体现。团队内的专家经过培训后不仅对自己部门有深刻了解，同时对社区的认识会更加全面，接到其他部门通知后会立即采取适当的行动，这种认识与执行力对于灾害响应是非常宝贵的。

　　如果在灾害发生前联络员们就对通用操作图进行了认真研习，那么在灾害来袭时，他们就可以立刻评估出灾害对本部门的影响，拥有按照预期行动（EA）迅速评估出灾害的一系列后果的能力会极大地提升灾害响应的效果。一个由专项应对专家和应急管理专家组成的团队可以有效缩短组织响应的准备时间，相关部门通过核心联络组联络员相互沟通之后迅速展开协作，完成灾害响应部署的速度甚至可以超过其他社区的组织准备的速度。

核心联络组成员在向紧急行动中心汇报工作后，可以通过承担行政、后勤、计划和行动等职位，在 ESF 体系中发挥作用，协助应急管理者组织开展灾害响应调度工作。正如在 ESF 报告中提到的那样，联络员都是通过这种方式协助他们开展灾害响应工作。

灾害现场处置对某些联络员的吸引力是一个必须在灾害发生前要解决的问题。这些联络员想要跟自己的部门一起去现场处置灾害。笔者本人曾经经历过这种事：我好不容易混进了抗击佛罗里达火灾的先遣队，但是最终我不得不接受命令留在后方参与 EOC 的工作。

那些对一线灾害处置感兴趣的人必须与自己斗争。无论采用坦诚对话或是征求联络员原部门领导者同意的方式，必须保证工作归属问题在灾害发生前得到解决。必要时应急管理者可能还需要与联络员所在部门负责人直接对话明确该问题。与此对应的还有一个截然不同的问题：即联络员所在部门主管突然意识到，拥有丰富救灾经验的人十分重要，从而阻止他留在 EOC。因此，应急管理者必须得到社区领袖的支持，以便告知各部门的领导者，联络员在灾害期间应当在社区 EOC 开展工作。他们仍将归属于各部门，与部门进行协调，但他们在社区还承担着更重要的责任。

如果传染病等某类特定突发事件发生，那么公共卫生部门的联络员就应当作为制定应急措施的领导者。同时医疗部门联络员也应当在响应过程中扮演重要角色，其他联络员则需要听从专业人员的指挥。

团队的领导者应该随着灾害类型的变化而调整，而每个成员应当负责的内容则不会随之改变，动态的组织架构能最大程度确保在响应过程中人尽其才、物尽其用。因为不同灾害之间存在很大差异，而联络人都是社区内诸多不同领域的专家，他们能在特定类型事件中明确对各自管理领域的影响，并在受到灾害影响时发挥领导作用，并且运用各自的专业知识做出最佳决策。

9.2.5 核心联络组的影响

核心联络组对所有社区来说，都是提升灾害响应能力的关键一步。如果能将其与应急管理的技术和日常工作集成结合到社区的组织结构中，就会拥有真正能够在灾害中发挥作用的能力。所有灾害响应措施最关键的部分都是负责社区日常工作的人，工作人员必须适应从正常工作转向应急工作，而核心联络组会使这个过程变得迅速而有效。成立核心联络组可以让每个联络员所在的部门以及本社区内所有部门了解并开展灾害响应准备工作，这种潜移默化的变革比任何政策或计划都有效。因此成立核心联络组是提升抗灾能力最有效的方法之一。

第 10 章
训练团队

在日常工作中，不同部门或机构的运行方式和程序均不相同。为了应对灾害需要召集整个应急管理团队一同工作，但是团队成员互不相同的工作习惯会给应急行动协同带来很大的困难，工作模式的冲突都会在应急行动中体现出来。

灾害响应训练的主要目标之一就是使各部门人员之间相互熟悉，通过了解各自工作模式，逐渐形成一种协同工作的方法。如果没有提前学习与训练，在灾害所产生的高压环境下，指望这些个性、文化和组织规范互不相同的人顶住压力、协同合作是不太可能的。

事实上，只有专业技能达到了一定程度的人员，才会在灾害响应期间被分配到EOC，这类人群一般不必再接受培训，因此训练的困难不仅仅是成员需要面临不同工作模式和职业文化的冲突，还有成员对训练的抵触情绪所带来的困难。

大多数人都有这样一种观念，那就是"在我的任期内不会发生这些事"。人们都希望且有理由认为在其任期内不会发生小概率的灾害事件，因此他们不想花费时间去做应对训练。而事实上也确实如此，与灾害响应工作无关的人不愿意在这样罕见的事件上花费时间。

另一个阻碍训练计划开展的原因是参与者惧怕犯错。很多参加训练的学员都会感到不舒服，因为高压训练会导致参与者难以适应，而鉴于参与者在各自领域内的声誉，在同事面前展露出无能对他们来说是一种威胁。培训结束返回岗位后其他人会怎么说？训练中的犯错表现会对他们的声誉产生不好的影响吗？除此之外，还有个更重要的原因，即这些参与者有许多是任命的官员，这意味着他们"极其渴望成为更高级别的官员"。糟糕的表现可能会影响他们的晋升，甚至危及到他们现在的职位。

最后一点，如果参与者没有公共安全工作背景，那么EOC的工作对参与者来说是非常陌生的，因此团队协作至关重要。但是有些参与者受原部门极度利己的工作环境影响，他们看待每件事都抱有功利主义的目的，即凡事考虑"对我有什么好处？"正如电视节目里那个名为"为了爬到顶端而欺骗你的邻居"的复杂游戏中表现出来的一样，笔者喜欢称之为"求生者心态"。尽管很多单位管理者都会组织团队合作的研讨会，但是单位或机构本身的文化很难因为这种研讨会发生改变。因此可以预见的是，这种态度一定会在灾害响应中拖后腿，为了充分发挥EOC的作用，在训练时就必须杜绝这种态度。

要如何克服这些障碍，培养出团队需要的人？恐怕没有什么灵丹妙药。正如在第1章中所建议的那样，可信赖的代理人和促进者的角色将对建立主训者公正的声誉大有裨益。如果参与者的上级在分配任务成员参加培训时接受主训者的建议，那么这会更容易让他们接受主训者。但主训者仍然需要通过优质的训练内容来赢得尊重。例如一开始就制定一些基本规则：

- 在灾害响应的过程中，在座的各位决定着整个社区的表现。这里的每个人都会有所作为。
- 在座每个人都是专家，在灾害响应时需要各位的知识。这些培训/课程的目的是让你们了解政策、过程和可能出现的问题类型，以便你们可以学习如何将自己的专业知识应用于这些问题。
- 你们来这里是为了学习如何在一个完全不同和困难的环境中工作，这些对几乎所有人来说都是陌生的。
- 我们希望在培训中能够犯一些错误，这样就不会在灾害发生后财产和生命岌岌可危的时候犯错误。
- 通过设定良好的基调，让团队尽可能地保持一个较为愉快的氛围。笔者曾经以"你上次叫直升机来是什么时候？"这种笑话调节氛围，参训者们似乎更喜欢这种轻松的状态。

如果预先建立了这些基本规则，它将有助于克服前面提到的障碍。虽然这并不意味着主训者已经赢得团队成员的支持，但是这将为培训定下良好的基调。

10.1　符合实际的培训方式

给成年人培训应该区别于给青少年授课。因为成年人即使在培训时还会思考他们的工作，某项任务的截止日期也会分散他们的注意力。孩子们可以把全部的注意力放在学习上，而成年人却有更多的事情要操心。所以，培训目标中要列出一些要点，让受训的人更容易了解学习重点。不要用长篇大论把他们压垮，要用简短、易重复的练习构建起整个训练计划。

应急响应培训是通过改变人接到特定信息的第一反应来改变其行为。培训应该是循序渐进式、一步一个脚印的，其长期目标是改变团队成员在EOC中对信息的认知与反应。这是要培养一种在高压环境中做出正确决定的能力，单一的培训课程无法实现如此重大的改变。因此，培训绝不能抱着"一蹴而就"的态度，而是需要着眼于一个长远的目标，将其视为一个让受训者在灾害响应中面临各种新挑战的过程。

成年人经过一天的培训，只能吸收 2～3 小时的有意义的内容，大约只能有效掌握他们所接触到的知识的 20%～25%。规划课程应当重视这些参数。其他应当注意的要点有：内容需要多次重复，适量且易于接受。

对于成年人来说，授课的学习模式并不合适。对成年人来说最好的学习方式是主题研讨，这样他们可以发表自己对这个话题的看法；成年人主动参与其中时才是他们学得最好的时候。想让成年人真的学到一些东西，那就让他们"去做"，这样知识接受度才是最高的。

参与者需要通过团队合作完成更困难的任务。因此，培训必须具有高度的互动性，而且时刻记得，实践内容要多于讲课内容。让学习者参与"现实生活"练习、案例研究和探索练习。互动式训练的班级规模在35 人左右时效果最好，这个体量足够大，可以将学生分成小组进行管理。

多年来，军事和航空工业领域的科学家一直在研究团队如何应对压力做出决策。为此，他们研究了机组成员导致飞机坠毁的行为以及军事指挥团队在战斗中做出的决策。他们发现需要两种不同的训练内容对团队进行训练。一种是学习与执行程序相关的且必须掌握的技能，另一种是学习如何作为一个团队成员高效地工作。优秀的团队会监督彼此的表现，关注其他成员是否需要帮助，而不是纠正队友的行为。通过训练和对外界信息的反应，团队可以形成一种共享的心智模型。心智模型只是团队看待问题和理解任务所必须掌握的一种管理问题的方式。成员有一个共同操作图，具有共同的态势感知。这使团队能够适应在高度紧张和快速变化的环境中迎接挑战。

首先，学习必须掌握的程序性技能；然后，开始进行更复杂的培训，将这些程序技能纳入应急决策过程中。

"如果你要训练某人在时间紧张压力下的决策能力，那么他们必须在类似的环境下进行训练。创建一个时间紧张、信息匮乏的情境，然后要求他们做出回应。"

——加里·克莱因《权力的源泉》

为了完成培训目的，请牢记以下目标：

- 学员在训练时应该各司其职。这意味着他们将被分配到指定的 ESF 岗位或在灾害响应期间可能被分配到其他岗位。
- 他们完成任务的时限应该与现实生活中相似。
- 问题必须是贴近现实的。
- 为最可能发生的灾害做准备。在一个根本不发生地震的区域中使用地震场景，这节课可以说是浪费时间。因此要为真正可能发生的灾害类型制作培训计划。
- 以实际发生的灾害为案例制作课程。使用真实的时间线和问题来设计课程。

在设计课程时，选择一个特定的操作元素，如通用操作图、可视化或态势感知。在同一时间轴内，使用相同的接收信息技术，提供有关情况的信息。

允许犯错，并在课程中展示这些错误的后果。要让培训者知道，通过这些训练，他们能够明白什么行为是正确的。答案是不唯一的——可能有多种解决问题的方法，所以要培养参与者找到独特方法的能力。

经常训练，并且要使训练简短有效。在课程结束时，在没有任何警告的情况下，告诉他们刚刚发生了灾害，或者刚刚发布了飓风或洪水警报。请全班同学为他们部门回答以下三个问题：

- 你有什么？
- 你需要做什么？
- 你需要做什么来完成这件事？

本书的目的是教育培训者始终保持对他们部门 COP 的了解。如果发生了意外事故，他们将考虑当前的具体问题。制作一张包含龙卷风路径、地震破坏情况或洪水范围的社区地图，然后可以询问参与者同样的问题。这是一个简单、可多次重复的练习，并且可以强调始终保持良好的 COP 和态势感知的重要性。

10.2 如何制定培训方案

以下步骤将协助读者制定一个经过深思熟虑的方案，以满足培训目标：

- 确定培训目标和训练内容，以满足训练需求。

- 选择常规场景类型、位置和大小。
- 考虑事件的一般演化顺序。
- 确定培训目标，以确定对行动过程有影响的因素。
- 确定社区的地理位置和特征会对演习的具体问题和事件顺序产生什么影响。
- 选择一个可行的事件序列来完成你的培训目标。
- 选择将要结束训练的最终情景目标和最终事件。
- 制定干预指引的控制措施，以评估演习的进度。

10.2.1 培训的前提条件

为了保证更好地进行培训，理想情况下应该设有一名教员和一名导调员。教员的工作是确保培训目标达成，并确保参与者从训练中学到正确的内容。导调员要关心的是训练机制——例如，如果你使用计算机进行信息传递练习，他/她将确保消息按照设计好的方式进行传达，并确保参与者理解程序并正确使用。以下是指导方针，在进行一项训练时，你将与充当你的导调员的某个人合作：

- 教员和导调员监督参与者，以确保每个人都准备好了，并备好了必要的材料、简报、电脑等
- 导调员发起并开展训练。
- 参与者根据情景、标准操作程序和 EOC 协议执行应对程序。
- 教员监控所有参与者的行动，以确保参与者实现学习目标。教员应记录参与者积极和消极的行动，以帮助他们训练后汇报。
- 除指导练习外，导调员还需协助教员监测训练，导调员要保持训练的节奏。
- 当观察到某些行为可能会影响学习目标的实现，或者不加以纠正会导致消极的结果时，教员必须决定是否中断练习或让练习继续进行。
- 导调员和教员应在训练中沟通合作，以确定学习目标是否已在训练中完成。
- 教员必须决定何时停止练习。在做出这个决定之前，应该咨询导调员。

10.2.2　培训监控

培训的顺利开展需要导调员和教员之间的合作，导调员负责监督训练机制与规则，教员负责学习活动。这些职责相互重叠，所以导调员必须了解学习目标，并提醒教员注意可能阻碍事态发展的事件，为完成学习目标提供帮助。

教员也要时刻关注训练。绝对不能允许参与者取巧，因为这可能导致助长消极学习的情况。当参与者更关注如何通过非正常手段成功地让他们和其他人达到相同的学习目标，而不是从训练中学习时，就会助长偷懒、取巧的行为发生。在训练过程中，教员和导调员有两个需要重点关注的问题：

- 训练必须以完成学习目标为导向。
- 必须避免导致消极学习的行为和情况发生。
  - 消极学习是指参与者在学习中的不恰当行为，这可能会导致在实际的灾害响应中产生严重的后果，因此消极学习必须加以遏制。

教员必须确保在训练开始之前，导调员已准备好训练内容，并向参与者提供简报、文件和其他能够保证参与者顺利参加训练所必需的材料。

在训练准备过程中，教员和导调员应当共同开发课程，在训练期间也必须保持协同配合。在训练开始之前，教员和导调员必须制定出各自的训练计划——学习目标、训练预期、目标完成情况。如果训练没有达到预期，他们必须做好随时介入的准备。

导调员对训练的进行负主要责任；他必须时刻警惕可能妨碍学习目标实现的事件或行为。导调员必须与教员密切合作，预防或纠正消极学习的行为。教员、导调员良好的团队合作是训练取得预期成果的关键，因此教员和导调员合作的重要性再怎么强调都不过分。

10.2.3　确保学习成果

教员应对培训负责，确保完成学习目标，预防或纠正消极学习的行为。教员在导调员的协助下，必须监督队的准备活动和设备的使用。为保证课程进展顺利，教员必须根据训练情况决定是否采取以下操作：是否干预课程；由谁（教员/导调员）干预课程；何时干预课程。

参与者必须对培训目的保持清醒的认识。参与者不应被他人态度和环境所影响，而应当牢记培训的目的——从经验中学习。虽然这种经验是"人为制造的"，但是这并不重要。真正重要的是将这些经验转化为面对实际灾害时做出正确行动的能力。因此必须保证参与者抱有正确的态度，以防止参与者抱着走过场的态度，导致无法达到培训目标。

在培训中应该鼓励犯错。事实上，在训练中出错远好过在实际灾害响应过程中出错。如果某一特定的培训项目效果不佳，而且很多参与者都犯了很多错误，那么教员应该对参与者给予一定的鼓励及表扬，并讨论他们的努力在培训中是多么重要。需要给参与者解释，在训练中犯的错误越多，在实际应对中犯的错就越少，要向参与者强调如何将训练中的错误行为转变为灾害响应中的正确行为。

应急管理团队的任务是最大限度地降低灾害影响。在培训过程中犯错并从中获得经验比在真正的灾害中犯错要好很多。

10.2.4 必要时干预培训

当参与者在培训过程中的行为导致了学习目标无法实现，教员需要及时介入以保证培训目标的达成。具体可采取以下几种形式：

- 他们可以给其中某位参与者进行指导，纠正错误的行为。例如，在传达信息练习中，一位参与者没有将需要向所有人共享的信息发送出去，此时教员可以告知参与者他应该怎么做，以确保信息传送出去。由于培训的主要目的之一就是发现这种情景：如果参与者不传递信息，一个重要的训练节点就会丢失。这样操作可以保证训练按计划进行，并在不向全班指出错误的情况下让参与者对这个知识点印象深刻。
- 在训练时，为了向整个班级提供信息或详细指示，可以中途休息或暂停。如果教员发现有很多参与者都没有领会到要点，或者训练已经偏离预期，那就要立刻停止训练。向参与者解释出了什么问题，确保每位参与者都理解正确的方法来进行他们的那部分练习。这种对正确行为的即时强化可以有效保证培训目标的达成。
- 为了实现培训目标，使培训达到预期，可以在训练中加入额外的事件或信息。新的信息可以解决由错误决策或不遵守训练规则所带来的问题。
- 在实施干预措施之前，评估干预措施可能产生的后果是很重要的。

教员和导调员应该考虑到错误干预训练的后果。这些后果可能导致需要更多的干预措施来弥补，因此在对训练做出干预之前，教员和导调员要谨慎讨论。

10.2.5 培训反馈

练习中可能有三种批评和反馈来源：

- 训练反馈——训练本身对参与者所做的决定会做出响应并提供适当的反馈
- 教员反馈——这种类型的反馈可以发生在训练前、训练中或训练后，最有可能发生在汇报过程中
- 参与者反馈——在训练结束之后的交流汇报过程中，学员讨论培训的具体细节，这些细节是场景中的关键决策点

对于训练式学习来说，何时进行批评和反馈是至关重要的。在训练过程中批评或反馈产生的不良影响可能比让训练继续进行下去的更大。需要明确的是，批评或反馈与纠正消极学习行为是存在显著差异的。因为教员纠正消极学习的行为只是对不符合规则的行为进行把控，并不对学员的决定做出任何评论。对不当决定的评论应该出现在训练后的汇报中。教员的评论和反馈都应在训练结束后再公布出来。

批评和反馈是从训练中学习的基础。当学员在训练过程中做出决策时，训练本身将提供反馈。教员不仅要提供训练本身得到的反馈，还要把学生从训练中学到的内容放在总结里。教员必须明确最初的训练反馈与训练过程中建立的培训目标之间的联系：

- 教员监控并记录在训练过程中发生的关键事件。
- 教员监督整个训练并确保能够真实地反映出学员做出的决策。
- 教员确保取巧的行为不会影响学员的决策过程。
- 教员在必要时介入，并对训练进行纠正。
- 教员提供训练后的汇报和评价。

评价参与 EOC 培训人员的表现是非常微妙的。有资格参加 EOC 培训的学员都是有着多年工作经验的。他们通过了晋升考试，在各自领域的管理中心表现出色。对他们决策的批评必须以尊重和专业的态度进行，否则训练目的很难达到。与其称为批评，不如将其称为对参与者的反馈。

10.2.6　培训总结

在导调员的协助下完成参与者的训练活动后，教员的任务包括：汇报、评价、反馈、反馈评估和给出训练建议：

- 评价应是教员在导调员的协助下完成的，是训练结构的一部分。教员的评价应该按照训练的时间顺序进行组织。强调培训目标完成与否，纠正消极学习的问题。
- 反馈评估是使训练效果最大化的重要步骤。教员和导调员应评估在以下三个阶段中分别发生了什么：

—训练前

—训练中

—训练后

反馈内容必须由教员和其他参与者进行评估，以确定培训需求。这是个简单但很重要的步骤。教员通过回答以下问题来评估参与者的表现：

- 参与者是否成功达到了特定训练的学习目标？如果达到了，为什么？
- 哪些任务没有执行？
- 参与者是否成功完成了训练中所要求的所有任务并掌握了相关技能？

教员通过评估和反馈活动的结果，能够发现培训的不足。一旦发现了训练的缺陷，就可以设计额外的训练活动来解决这些不足之处。

10.3　培训资源文件

以下培训文件既可作为培训示例，也可作为完整的培训练习。读者可以利用它们来补充本章中刚刚讨论的培训类型，或者根据需要进行更改，以满足特定司法管辖区的需求。

10.3.1　训练研究

以下训练研究示例旨在开展培训之前，帮助读者理解如何进行训练研究。以下包含的简报文件可用于自行制定练习，也可作为制作特定训练前需要进行的研究类型的示例。考虑到训练规模的差异，这可能只是研究的开始。

本书使用国家规划方案作为每一个事件发展建模的起点。其目的是简单地根据受灾社区规模来适应训练需要。这些课程是为国家级的 EOC 而开发的，但它们可以通过简单的数学计算，使得数据可以用于社区层级。国家规划方案是详细的材料、统计数据和预估信息的来源，其内容丰富，几乎适用于所有课程。思路是通过简单的算法使得这些数据能够用于受影响的社区、县或州，但是需要注意在开发这种类型的培训时，不必为了良好的训练效果而对数据准确性一再调整。因为有太多的变量会对特定的事件产生影响，应尽可能优化研究数据，让参与者通过培训掌握应对拥有高度复杂性的灾害的能力。其余的细节大多是从互联网上对该事件研究新闻发布会、损失报告和经验教训进行挖掘获取的。

Ⅰ. 龙卷风暴发

人员伤亡	150 人死亡;750 人住院;2500 人受伤,无需住院
基础设施的破坏	该州大面积停电
疏散/流离失所	全州大约有 5000 处房屋被毁,公寓(apartment 和 condo)被毁。这个数字会因县而异
污染	由于危险物质的储存设施被破坏或摧毁,导致车厢倾倒
经济损失	高达数亿美元
多重事件的可能性	据报道,整个州有 20 次龙卷风登陆
恢复时间	几个月到几年

(1) 事件细节

在春末,一股来自西部的冷空气与来自海湾(墨西哥湾)的暖湿空气相互作用,形成了一条巨大的飑线,在整个州产生了多股龙卷风。这一系列强烈的雷暴产生了多个超级单体,即多个严重程度 F2s 到 F4s 不等的龙卷风。这些高强度且持久的风暴在地面停留很长一段时间。风暴影响了相邻的几个州,但对参加培训的具体州的影响如下。

在 20 股龙卷风中,有 7 股龙卷风破坏力最强。

龙卷风编号	死亡人数/人	受伤(住院)人数/人	财产损失/百万美元	影响范围/英里
1F4	24	432	50+	25
1F3	2	54	10+	8
2F3	5	49	10+	19
3F3	17	370	50+	17
4F3	1	34	5+	36
2F4	45	700	60+	121
3F4	33	650	45+	22

注:1 英里=1.6 公里。

其余 13 股龙卷风造成了一些人员伤亡。而这 7 股龙卷风(F3s 和 F4s)在暴发期间造成的破坏最大,人员伤亡最严重。F3s 的风速在 156～206 英里每小时之间,可以掀翻屋顶,对质量良好的房屋墙壁造成破坏,甚至掀翻火车,大多数树木会被连根拔起。F4s 的风速在 207～260 英里每小时之间,可以夷平房屋,将地基薄弱的建筑物吹离原地,将汽车抛到空中,产生类似大型导弹轰炸的效果。

基础设施损坏报告：

① F4 铁路桥被破坏，坠入河中

② F3 掀翻一列载有危险物品的火车

③ F4 州立医院严重受损，需要进行疏散

④ F4 装载码头的铁路停车场被毁

⑤ F3 发电厂停工 2 周

⑥ 学校受损（细节见下表）

学校	损失估计
摩根镇小学(1～5) 注册学生(258)	房屋顶板损坏 预估损失 2 万美元
E. O. 曼西小学(K～6) 注册学生(779)	屋顶/窗户 预估损失 50 万美元 已投保
密歇根路小学(K～6) 注册学生(239)	预估损失 50 万美元 不确定是否在保险范围
西南高中(9～12) 注册学生(464)	预估损失 30 万美元 体育馆 10 万美元 可以维修
西南小学,高中(K～8) 注册学生(1266)	预估损失 150 万美元 即将重建
南迪凯特高中(7～12) 注册学生(739)	体育馆 60% 的屋顶损坏 体育馆地板被洪水浸泡 场馆大厅被洪水浸泡 洪水损坏了音乐区 餐厅围墙倒塌 预估损失 10 万美元
肯纳德小学(K～6) 注册学生(176)	全部损失 预估 72 万美元 保险支付 90% 的损失
蓝河谷高中(7～12) 注册学生(582)	屋顶损坏,玻璃损坏和洪水浸泡 预估损失<2 万美元 保险全额赔付
门罗中央高中(7～12) 注册学生(565)	预估损失 190 万美元 保险金额 150 万美元 部分设备可以维修
阿特伍德小学(K～6) 注册学生(179)	屋顶/窗户 预估损失 1.1 万美元

学校	损失估计
利斯堡小学(K～6) 注册学生(410)	体育馆和校舍屋顶 预估损失 1.4 万美元
斯库兹小学(K～6) 注册学生(393)	体育馆屋顶损坏 预估损失 3 万美元
谜语小学(K～5) 注册学生(559)	60%～65%的建筑受损 屋顶,墙壁和 3/4 的玻璃 预估损失 30 万美元
塔尔马中学(6～8) 注册学生(279)	未预估损失
贝尔蒙特高中(9～12) 注册学生(1082)	礼堂屋顶被洪水冲走 高中校舍屋顶受损;此外,窗户破损以及洪水浸泡 预估损失 5 万美元
小贝尔蒙特高中(5～8) 注册学生(422)	教堂的尖顶从屋顶坠落 预估损失 10 万美元
东部高中(7～12) 注册学生(572)	标志性建筑屋顶损坏 损失无可估计
波尔克小学(1～6) 注册学生(146)	屋顶损坏 预估损失 5000 美元
佩里中心小学(K～6) 注册学生(404)	礼堂屋顶被风吹走 体育馆无法重建,教室遭到破坏 预估损失 100 万美元以上
威尔金森小学(1～6) 注册学生(350)	体育馆屋顶损坏 估计损失 1 万美元
夏洛茨维儿尔小学	预估损失 3000 美元
双湖高中(10～12) 注册学生(669)	全部损失预计 330 万美元
罗斯福小高中(7～9) 注册学生(713)	建筑物可以通过维修来使用 预估损失 190 万美元
草甸小学(K～6) 注册学生(508)	全部损失预计 100 万美元 即将重建
受影响的人数为11754人	
财产损失 1328.3 万美元以上	
再进一步通知之前,已有 6000 名学生被转移	
25 所学校报告了情况	

（2）时间轴/事件动态

破坏从傍晚开始，一直持续到夜里。从记录数据来看，因为风暴线经过该州，从下午2点开始，到晚上11点最后一次登陆，共有超过20股龙卷风袭击了该州的多个区域，造成最大破坏的7股龙卷风并不连续，而是间歇分布在整个时间段内。

（3）二次危害/事件

天然气和石油灾害：风暴对部分油气存储设施造成了重大破坏，导致了泄漏。

基础设施和关键区域的破坏：学校受损情况见上文。此外，交通线路（铁路和公交汽车）受损，发电厂遭到破坏，医院和其他医疗设施受损。风暴沿途的基础服务（包括紧急服务和公用设施），都受到严重影响。

散落的碎片：各种建筑废墟以及其他散落物件阻塞了道路，阻碍了救援和现场救援人员的进入。大量的建筑废墟以及其他物品的碎片给清理工作带来了巨大困难。

（4）服务中断

医疗服务：这次风暴中7股最强的龙卷风所经过的区域，所有医院都遭到了破坏。每所医院都需要外界的援助，才能继续为社区提供医疗服务。

消防和紧急医疗服务：两个部门都受到了高强度龙卷风的严重影响，需要外部援助来继续为其社区提供服务。

交通：受灾地区大部分交通灯都熄灭了，应急车辆、媒体、志愿者和想要了解情况的群众都被困在该区域。在航空管制恢复之前，机场停止服务。

能源：大规模停电将持续至少10天，直至在风暴中被破坏的变电站修复。

无家可归者：约有5000人因房屋公寓被破坏而无家可归。

通信：由于停电影响，社区所有应急通信中心都处于紧急供电状态，其中有一个被破坏。

（5）联邦政府的反应

环境保护部门针对危险物质正在进行协调并采取应对措施。

美国红十字会承诺开放避难所，帮助因风暴而流离失所的5000位灾民。

两支城市搜救队已进入警戒状态，队伍已初步部署到位。应急保障组将启动。

联邦应急管理署的所有国家紧急响应队伍和应急保障队伍都准备行动。

国防部已发出紧急命令，要求启动一个特别工作组，以便在必要时提供大规模群众安置和卫生与医疗服务。

国家灾害医疗系统（NDMS）、灾害医疗救援队（DMATS）和遗体应急处理队（DMORTS）都已处于警戒状态。3 名救护人员正在赶往当地医院协助处理伤员。

（6）国民警卫队的请求

以下每一类下都将有若干个特派队伍。

① 安全

要求大量人员到场。由于该州受风暴破坏的范围很大，许多社区都需要国民警卫队。

② 本地社区的搜救队不堪重负，需要国民警卫队的帮助。

③ 向医院分发发电机。

④ 协助医院照顾病人。

⑤ 协助处理危险品事故。许多当地的危险品处理小组都受到了风暴的影响。

Ⅱ. 大洪水

人员伤亡	50 人死亡
基础设施的破坏	多态事件。许多社区的基础设施完全被摧毁。75 个城镇完全被淹没。另有数百人部分被洪水困住。多数城市桥梁被破坏。 该地区的铁路运输中断,造成重要物资的短缺。275 个联邦防洪堤中有 20 个已经被淹没。1000 个私人防洪堤中有 700 个已经被淹没
疏散/流离失所	此次事件中,有 85000 人或暂时或永久撤离
污染	污水处理厂和储存危险物质的场所被淹没,大部分饮用水被污染
经济损失	数十亿美元
多重事件的可能性	一个地区需要疏散人员,而下游需要堤防援助
恢复时间	几个月到几年

（1）事件细节

4 月份,河水的水位已经超过洪峰 6～10 英尺（2～3 米）,并在 5 月份再次达到几乎相同的水位。6 月初,河流水位降至洪峰以下,并开始回落。在 6 月的第 2 周,河流水位上升到接近洪峰的水平,随后水位开始缓慢回落。截至 6 月底,在国民警卫队负责的州,河流沿途的主要城市的水位低于洪峰 4 英尺（1.2 米）,而该地区的许多其他河流位置都接近洪峰。7 月,随着暴雨降临,洪水也开始随之泛滥。

（2）时间轴/事件动态

在未来 150 天里,该地区将遭受不同程度的洪水冲击。660 万英亩（1 英亩＝4046 米^2）的土地将被淹没,近 400 个县将受到不同程度的影响。密西西比河和密苏里河主干与支流周围洪水泛滥的平原区域主要用于农业生产,因此洪水造成的损失有一半以上都来自农业方面,即对牲畜、作物、农田、堤坝、农场建筑和设备造成的破坏。该地区人口稀少,沿河城镇都有防洪堤保护,或者城市主体位于峭壁上,只有很少一部分社区被完全淹没。这些地区的发展核心主要集中在受到城市防洪堤的保护或在地势较高的位置。洪水主要对处在低洼地区和支流沿岸的住宅、商业和工业区造成了较大的破坏,其余的破坏多集中于住宅、企业、公共设施和交通方面。大部分农业损失发生在丘陵地区,原因是农田积水和生长季节较短,而不是洪水泛滥。同时,由于洪水引发的下水道堵塞问题,地下室淹没等情况也对住宅和商业区造成了较大损失。

（3）二次危害/事件

天然气和石油的危害：河流沿岸的相关设施都被洪水淹没并停止运行。洪水造成了危化品泄漏和火灾。一些大型丙烷罐被洪水冲到了几英里外，堆积在其他城镇。

基础设施和关键设施的破坏：学校、交通线路（铁路和公共汽车）被洪水淹没，无法使用，发电厂被洪水淹没导致停电，一些社区的医院和其他医疗设施被洪水淹没。洪水严重影响了应急服务和公共事业等基本服务。

散落的碎片：碎片处理是一项大问题。建筑物或其他设施散落的碎片堵塞了道路，导致救援物资无法进入。上游城市的碎片堆在下游没有被破坏的桥梁上。碎片的短期处理和长期处置是个巨大的困难。

（4）服务中断

医疗服务：在洪水最严重的地方，医院都遭受了严重破坏，不是其损坏程度严重到无法为社区提供服务，就是被洪水完全淹没。为了继续向受洪水影响的社区提供医疗护理，将需要外界的援助。

消防和紧急医疗服务：在洪水最严重的地区，两个部门都受到了严重影响，需要外界援助才能继续为社区提供服务。

交通：州际公路被洪水淹没，洪水退去之前主要和次要的州级高速公路将会关闭。洪水流经的地区，铁路交通停止运行，机场也会停运。

能源：在洪水退去和电站修复之前，将会一直有大规模停电的情况，这意味着需要几周或几个月才能完全恢复服务。

无家可归者：大约 7 万人因城市被洪水淹没而无家可归。只有一部分人将返回重建家园，一些人将永远无法回到自己的家。

通信：当地紧急通信中心的运转将受到洪水的影响。在完全被洪水淹没的城市中，通信中心无法运转。在其他城市，它们能以有限的方式履行以前的一些职责。

（5）联邦政府的反应

环境保护部门针对危险物质正在进行协调并采取应对措施。

美国红十字会已经承诺开放避难所，为因暴风雨而流离失所的 7 万人提供帮助。但他们的力量有限，需要国民警卫队的援助。

联邦应急管理署的所有国家紧急响应队伍和应急保障队伍都准备行动。

国防部已经发布了紧急命令，如有必要，将启动一个特别工作组，提供大规模群众安置和卫生与医疗服务。

NDMS、DMATS 和 DMORTS 都已处于警戒状态。3 名救护人员正在赶往当地医院协助处理伤员。

（6）国民警卫队的行动

以下每一类都将有若干个特派队伍。

① 飞机、车辆和其他设备运离洪水路径。此外，国民警卫队的军械库设备和物资也应转移到高地。

② 大多社区需要设备和人力来进行沙袋搬运。

③ 大型都市的供水系统和污水处理设施遭受洪水打击。可以预见的是，急需一个足够供给大型城市用水需求的大型水站，并且需要一个多月的时间来验证饮用水是否安全。

④ 国民警卫队需要借助无人机等飞行设备对煤气管道和公共事业管道进行检查。

⑤ 需要设备来协助完成洪水路径上的疗养院和医院的人员疏散。

⑥ 各种类型的防洪堤工程建设需要 6500 名国民警卫队队伍。

⑦ 需要空中救援人员来营救被困在漂浮汽车里的人，还有在堤坝突然决堤、城镇被洪水淹没时被困的警察。

Ⅲ. 地震

人员伤亡	1400 人死亡;10 万人受伤,18000 人需要住院治疗;2 万人失踪,可能被困
基础设施的破坏	15 万栋建筑被毁,100 万栋受损
疏散/流离失所	30 万户(平均每户 3 人)
污染	有害物质
经济损失	数亿美元
多重事件的可能性	地震、火灾之后人员被困
恢复时间	几个月到几年

(1) 事件细节

● 冬天,工作日期间。

● 强度 7.5 级。15～20 个州受到影响。

● 震中周边约 25 平方英里区域内的普通建筑和劣质建筑都遭到了相当严重的破坏。地震引发的土壤液化现象导致无数建筑物、道路交通和公共基础设施的失稳和倒塌,一些高层建筑直接坍塌,甚至像摊煎饼一样相互堆叠。

● 震中以外受灾面积达数百平方英里。

● 在最初地震发生的几个小时后,又发生了 8.0 级余震。此外,7.0～8.0 级的余震也在不断发生。

● 地震掀起的巨浪淹没了驳船和船只,还破坏了河边的建筑。

● 目前有 2000 处大火在燃烧。

● 在一些地区,由于地震破坏了堤坝,洪水泛滥严重。

(2) 服务中断

医疗服务:该地区只有 11% 的医院的开诊率超过 50%,备用发电机燃料即将用完,急需增加病床。

消防和紧急医疗服务:50% 以上的地区只有 16% 的消防和紧急医疗服务能使用。数十辆卡车被损坏,甚至无法使用

交通:桥梁倒塌,造成主干道严重堵车。几条主要高速公路的损坏导致救援无法及时到达。铁路和机场跑道遭受了中度至严重的破坏,已经发生了变形。由于通信中断、跑道和仪表着陆系统受到中度损坏,该地区所有机场都已关闭,维修至少需要 10 天。

能源:大规模停电将持续至少 10 天。地下燃料管道、输油管道和天

然气管道的大梁断裂使维修人员不堪重负。

水：由于水管破裂和停电，100 多万人无水可用，需要 10 天才能恢复。

污水处理：震中附近的污水主截流器被破坏，恢复正常至少需要 10 天。超过 300 所房屋受损或断电。

无家可归者：30 万受灾者中有 2/3 流离失所，即 20 万人需要临时住房。避难所有一半已经损坏，无法使用。

军事设施：据报道，军事设施有中度建筑损坏，基础设施暂时被破坏，桥梁/立交桥损坏，进出困难。

港口设施：由于土壤液化，港口的起重机坠落并被移走，港口完全无法使用。受损和沉没的船只散落在邻近的码头上，有时还会堵塞航道。港口将停运一个月。

通信：微波天线和通信基础设施的其他重要部分受到破坏，导致通信受限。信号塔也被破坏，地震后，系统的剩余部分无法承担其大量的信息流。剩余 90% 的基础设施需要一周时间才能恢复正常。

（3）联邦政府的反应

环境保护部门正在现场处置危险物质。

美国红十字会已经从周边各州调集了数千名志愿者。因为受灾地区的志愿者没有能力做出响应，所以普通的红十字会以及收容所没有人。

所有 28 支城市搜救队已进入警戒状态，其中 6 支正在初步部署。将会启动一个事故保障小组。

将启动所有联邦应急管理署、国家紧急响应队伍和应急保障队伍。国防部发布了一项紧急命令，要求启动一个特别工作组以提供大规模群众安置和卫生服务。

NDMS、DMATS 和 DMORTS 均已激活部署。

（4）国民警卫队的行动

以下每一类都将有若干个特派队伍。

● 临时病床

● 高速公路碎片清运

● 在一些重要水道上建造临时桥梁

● 清理/修复机场

● 运送物资和人员的直升机和固定翼飞机

- 临时机场运转，即航空交通管制
- 便携式水上运输工具
- 安全保障
- 搜索和救援
- 商品配送发电机
- 为无家可归者设立大型临时住所（每个地点有 2.5 万～5 万人）并提供支持和安全保障
- 将有特殊需要的人员疏散到其他州
- 将无家可归者运至其他州的避难所，如卡特里娜州

Ⅳ. 森林大火

人员伤亡	20 人死亡
基础设施的破坏	50 万英亩土地被烧毁,1350 座房屋被毁
疏散/流离失所	大火导致 60 万人或永久撤离家园。40 个县受灾
经济损失	约 4 亿美元
多重事件的可能性	几处火场合并,造成足以威胁到整个县的居民不得不疏散
恢复时间	几个月到几年

（1）事件细节

由强厄尔尼诺现象引发的干旱状况从 5 月初开始，随后干旱程度和干旱面积持续扩大，6 月，持续的干旱和大风引发了数百起火灾，情况变得危急。到 6 月中旬，大火在整个州蔓延，对该州乃至全国的消防能力造成重压。在灾害达到高峰时，来自全国各地的 1 万多名消防员和全国各地的大部分消防设备在该州控制灾情蔓延。

（2）时间轴/事件动态

随着火灾从单个但较大的森林火灾发展为连成一片的大型复合火灾，灭火战斗对资源的需求（包括民用与军用）从 6 月开始急剧上升。随着火灾规模的扩大和灭火设备的短缺，对国民警卫队装备和人力的需求将会增加。

第一天

据报道，第一起火灾发生在小镇附近。火势蔓延得很快，最初参与灭火的人员不得不通过直升机撤离。大火当天便蔓延至 8000 英亩。

在第一场火灾的北部，第二起火灾在当天晚些时迅速蔓延到近 2 万英亩的干燥灌木丛中。大风阻碍了消防员的空中支援。

第二天

06：30 大型足球场作为避难场所开放，可容纳 10 万名避难者。

06：58 2 万户家庭断电；650 名消防员正在扑救第一场火。只有不到 5％的火势得到控制。第二场大火周围又燃起了新的大火，这导致消防员和消防设备的需求陡然增加。强风阻碍了消防人员的空中支援。

12：00 第二场大火越过州际公路，企业、政府部门和学校被迫关闭。

13：00 大学取消所有课程，本周剩下的时间将停课。

18：00 州长视察了足球场临时改成的避难所，并承诺国民警卫队和军队将为消防员提供额外支持。

第三天

08：00 由于天气原因，第二场大火迅速蔓延至 14.5 万英亩。近 30 万人已被迫撤离。

09：00 军事基地发生火灾。扩大至 17000 英亩，军方人员无法控制火势。

10：00 天气条件允许空中支援灭火工作。请求国民警卫队空中支援，天气条件有利于开展消防工作。

23：00 该州约 30 万英亩的土地被烧毁。1300 栋建筑被毁。50 万居民已被撤离。受影响县的学校仍然关闭。

第四天

火势已经减缓，但仍未得到控制。还有 3 万多英亩的土地受灾。

第五天

风力已经减弱，工作人员开始控制火灾。超过 1400 英亩的土地被烧毁。

第六天

大多数撤离者已被允许返回家园。

（3）二次危害/事件

天然气和石油的危害：各类设施受到森林火灾的威胁。

对基础设施和关键设施的破坏：一些学校、疗养院和孤立的变电站将在火灾最严重的时候受到威胁。

碎片：碎片的影响不大。

（4）服务中断

医疗服务：由于火灾产生的大量烟雾和其他刺激物，医院和医疗界将面临需求激增的状况。

消防和应急医疗服务：消防人力和设备将达到极限。各部门需要提供人力和设备方面的协助。城镇消防队员和森林消防队员之间的协调十分困难。

交通：因为火灾和烟雾影响，州际公路、主要和次要的州高速公路将定期关闭。

能源：能源生产和运送不会受到重大影响。

无家可归者：大约 7 万人由于大火威胁到了他们的家而被迫撤离。

通信：当地通信系统将继续运行以支持消防工作。

（5）联邦政府的反应

环境保护部门正在协调针对危险物质采取的应对措施。

美国红十字会已经承诺开放避难所，帮助受火灾影响的县和地区的7万流离失所者。

（6）联邦应急管理署紧急响应小组

联邦应急管理署已经采取以下方式调整应对措施来应对该州的应急需求：

- 在几个小时内，联邦应急管理署批准了该州政府提出的7项消防拨款申请。根据拨款规定，联邦应急管理署将支付该州75％符合条件的消防支出。符合条件的支出包括设备、物资和应急工作的成本，如组织人员疏散、建立避难所和实行交通管制的费用。
- 联邦应急管理署设立了一个联合现场办公室，以协调联邦、州、县和当地应对部门的应急行动。
- 联邦应急管理署已经确定并建立了一个集结区，以便为全州的应急行动调动必要的联邦资产。
- 一个联邦应急响应队伍已经做好准备，将根据该州需求随时前往必要的位置。
- 联邦应急管理署设立了全天候的区域响应协调中心，以支持各州的运作。该中心由众多联邦机构组成，包括内政部、运输部、美国森林服务局、美国陆军工程师兵团、美国卫生与人力资源服务部以及国土安全部的基础设施保护部门。
- 联邦应急管理署的国家响应协调中心被启动，用以协调联邦众多机构支持地区和州范围的活动。

联邦应急管理署已向州紧急行动中心派出联络员，与州应急和重建工作人员合作，整理火灾相关信息，并确保优先处理与火灾相关的所有请求，以确保资源的正确投放。联邦应急管理署的联络员也在与受灾县的森林消防局进行协调。

国防部已经发出紧急命令，如有必要，将启动特遣部队，以补充飞机和人力需求。

国防部（DoD）已经向该州和爱达荷州的博伊西部署了国防协调官（DCO）和国防协调部队。向受灾地区部署了一个指挥评估部队，以支持应急工作。DCO将根据要求指挥所有参与响应的现役部队，并可以通过美国北方司令部（USNORTHCOM）向国防部提出额外的支持请求。

USNORTHCOM 还指派北方空军为联合部队空军部分指挥官（JFACC），为装备模块化机载灭火系统的 C-130 飞机提供指挥和控制协调权。JFACC 的目的是迅速有效地执行 USNORTHCOM 的命令，对国家跨部门消防中心（NIFC）提供帮助，以减轻森林火灾的影响。

（7）内政部

过去几天，内政部（DOI）的森林消防员一直在协助该地区的灭火工作。具体来说，爱达荷州博伊西的国家跨部门消防中心（NIFC）提供了联邦消防员和消防设备来协助州消防队员应对火灾。NIFC 由来自 DOI 和美国农业部林业局的经验丰富的森林消防员组成，该机构还包括土地管理局、国家公园管理局、美国鱼类和野生动物管理局和印第安事务局。NIFC 正与该州和其他联邦应急部门密切合作，协调向受灾地区部署更多消防员和消防设备。

（8）美国红十字会

红十字会的行动主要体现在安置工作上，它们在南加州的五个县都开设了避难所。随着疏散人员的增加和火灾方向的改变，避难所的数量一直在波动。红十字会的数千张帆布床、毯子和洗漱用品正从美国西部的仓库运往受灾地区。

红十字会正在与南方浸信会合作，将两个教堂厨房转移到该地区，75辆流动餐车将在未来两天进入该地区，为避难所的急救人员和避难者提供食物。

（9）国民警卫队的行动

以下每一类下都将有若干个特派队伍。

① 请求包括军队在内的指挥和管控单位协助红十字会管理由大型体育场改建的临时避难所。

② 要求 1500 名警卫战斗大队士兵维持避难所秩序，包括交通管制和治安管理，并做好帮助成千上万聚集在足球场和露天避难所等待大火被扑灭的人们的准备。

③ 要求州政府提供尽可能多的直升机和固定翼飞机，用于协助灭火、运送人员和设备以及侦察火情。

④ 州紧急事务管理局要求工程队派出 4 辆推土机和拖拉机拖车协助行动。

⑤ 3 架州外固定翼货运飞机和 50 名飞行员已被指派到该州协助行动。

⑥ 治安部门申请了 4 架直升机来协助他们的行动，其中 2 架用于喷水。另外 2 架用于运送设备和人员。

⑦ 3 架州外 UH-60 黑鹰直升机和 18 名机组人员被指派协助行动。

⑧ 12 名警卫和 2 辆悍马，3 辆 2.5 吨的卡车和一辆"水牛"（一种运兵车）已从州外派去协助行动。

⑨ 2 架州外 UH-60 黑鹰直升机已被指派协助州内的行动。

⑩ 42 支州外部队已被派往协助州内的消防和疏散行动。

⑪ 一辆重型机动战术燃料卡车已被派往该州协助消防行动。

⑫ 支持民用和军用之间互相通信的单位，其人员和设备应设在 EOC 以及全州各处。

⑬ 国民警卫队模块化空降消防系统已接到命令。包括北卡罗来纳州夏洛特的 145 空运联队、加利福尼亚州海峡岛的 146 空运联队和 WY 州夏延的 153 空运联队。

⑭ 空军救援队被要求在火灾期间协助消防员扑救火灾和救援平民。

⑮ 要求能操作推土机和消防设备的维修人员协助民用维修单位，将消防员从该项工作中替换出来。

⑯ 申请 1200 名警卫协助灭火。

⑰ 需要推土机和人员来协助建造防火带。

10.4　沙盘模拟推演案例

下面是两种不同的沙盘模拟。这两种方法各有优缺点，但都旨在鼓励 EOC 人员团队合作以及做出正确决策。

10.4.1　大规模杀伤性武器的模拟案例

10.4.1.1　培训目标——态势感知和信息传递

下面是一个简单的沙盘模拟，旨在促进 EOC 人员相互沟通和对态势的理解。阅读"态势感知"和"情景可视化"这两篇文章，有助于更好地完成这项训练。训练的目的并不是解决问题，而是增强 EOC 人员信息共享的意识。

参与者至少需要扮演应急管理者、执法人员、消防人员、EMS 和 PIO。也可以增设其他 ESF，比如公共卫生部门。

基本场景如下，社区内组织了一场大型活动（足球比赛、庆典、音乐会——根据社区实际状况选择）。由于该活动的规模很大并对当地有重要的意义，现场驻派了大量消防人员、警察和急救人员。利用这次活动作为培训的机会，将 EOC 的成员召集起来监控这次活动，并训练与现场单位的交流。提前准备好现场地图。将执法、急救和消防单位的位置标记出来。当正常接收到以下消息时，代表没有意外发生。

以下是对应角色的缩写：

- LE——执法部门
- FD——消防部门
- Haz Mat——危险物质处置部门
- EMS——紧急医疗服务部门
- PH——公共卫生部门

按以下顺序将卡片交给各角色，在下一张卡片发出前给参与者一两分钟来阅读卡片：

- LE 呼叫 EOC：看台上发生了爆炸，很多人受伤了。（在地图上选择一个爆炸地点。）
- LE 呼叫 EOC：有警员受伤。重复，有警员受伤，我们这里需要急救人员。

- EMS 呼叫 EOC：我们正在对爆炸现场进行急救。
- LE 指挥呼叫 EOC：我们这里发生了一次大爆炸，伤亡惨重。爆炸发生时烟花表演刚开始，初步判断是烟花事故。
- FD 呼叫 EOC：FD 请求启动大规模伤亡响应预案。我们正赶往爆炸现场协助急救。
- EMS 呼叫 EOC：现场约有 25 人受伤。请求更多救护车增援。
- LE 呼叫 EOC：媒体正在现场直播，他们正在对爆炸进行现场报道。
- FD 呼叫 EOC：现场消防人员已经用罐装灭火器扑灭了一场小火。

在地图上选择一点，开始绘制事件图。讨论地图上可能包含的信息种类，以及用什么符号或信息表示它们。

围绕这几点讨论。

- 我们知道什么？
- 优先级最高的信息是什么？
- 什么是我们必须了解但现在我们不知道的？
- 这是恐怖袭击还是意外？
- 这重要吗？
- 此时 EOC 应该做什么？
- 应该通知谁？
- 需要对公众公布什么信息？

讨论时不要局限于以上问题；任何有关态势感知和信息交流的讨论都可以进行。将答案写在活动挂图或白板上，保证每个人都能看到。当讨论结果达到预期目标时，可以分发下一组信息。

- LE 呼叫 EOC：我们在现场周围设置了警戒线。（使用地图画出事件的周界，让参与者们讨论边界应该在哪里。）
- EMS 呼叫 EOC：我们已经在 _____ 设立了分诊处，在 _____ 设立了治疗区，在 _____ 设置了运输点。（在空白处填上所选地点附近的交叉点，让 EMS 参与者选择站点。）
- LE 呼叫 EOC：请求派出更多警员来协助控制局面。
- EMS 呼叫 EOC：请急救中心注意，我们有大约 100 名需要急救的伤员。建议医院做好接待大量伤者的准备。一些可以走的伤员已经步行离开现场前往医院。

在分发下一张卡片之前，给大家一些讨论的时间。以下问题可以让参与者回答：

还需要哪些部门官员？

应该通知哪些医院和哪些人？

现在分发下一张卡片。

- FD 呼叫 EOC：现场发生了第二次爆炸，重复，发生了第二次爆炸。
- EMS 呼叫 EOC：我们有人受伤了，需要增援。
- LE 呼叫 EOC：我们有警员呼吸困难，视力模糊。
- FD 呼叫 EOC：消防人员也出现了这种症状，这是某种化学武器袭击。
- FD 呼叫 EOC：我们已要求危险品处置部门立即消杀。

更新地图并讨论事件。

询问以下问题：

- 我们知道什么？
- 有人知道用的是哪种化学品吗？
- 你是怎么知道的？
- 我们的信息优先级改变了吗？
- 是否应该增加一些？

事件的第一份报告表明这是一场意外。

- EOC 现在应该做什么？
- 在事故现场外发生的化学袭击的后果是什么？
- 我们是否掌握了足够的信息？是否要下令疏散？

通过信息交流和态势感知完成练习。

10.4.1.2 培训训练

（1）决策点——利文斯顿，路易斯安那州

接下来是在压力环境下团队协作和决策的优秀训练示例。这种训练类型可以直接从以往案例中开发。对于一个非常困难的决定，需要团队所有专业的人员全力投入，经过漫长的时间，通过一系列复杂的方式做出应对。应用真实事件可以有效增加训练的复杂性和真实性，且答案不唯一，可以采用多种方式进行论证。

参与者将根据学科分到不同小组。每个小组都应保证有接受过危险品处置培训的人员,以协助做出决策。这个训练的目的是给参与者展示一个真实而困难的,甚至没有正确答案的决定。这会引起参与者对决策产生的长期后果进行思考以及讨论,这与重大灾害后必须做出的艰难决定的情景相似。

(2)培训笔记

把参与者分成多学科的小组,每组4~5人。在提出问题和正式开始做决定之前,每个团体必须选择一个发言人/领导者。

分发初步的简报和列车脱轨的地图。用幻灯片1~9向参与者简要介绍事件情况。参与者能够对照分发的简报文件和图表来了解更详细的情况。幻灯片10用于解释参与者将要做出的决定。

现在将授课者期望获得的答案发给参与者。

(3)参与者的决策手册

① 确定你的选择。

② 预估在事件发生时这些选择可能对社区造成的伤害。

③ 选择你的行动。

④ 为未来72小时的行动设定目标。

从培训的角度来看,回答问题应设有时限。培训目标是让参与者给出各自的方案来解决问题。鉴于每组都有不同专业的专家,这项训练也给参与者提供了合作的机会,因此应积极鼓励参与者讨论各种解决方案。

到时间后,请每组的发言人/领导者回答问题。参与者都给出答案后应鼓励各组之间展开讨论,允许对别人的决定提出质疑,但是要注意讨论不能演变为争吵。当教员认为达到培训目标后可以结束讨论环节,并通过幻灯片展示实际应对过程中处理这个问题的团队所做的决定。

现在,实际处理问题的人员当时采取的应对方式以及他们获得的经验教训都已经展示在参与者面前,此时可以询问参与者对这些决策的看法,以及参与者是否会有其他主意。

(4)给参与者的初始简报

9月28日凌晨5点12分,一列有101节车厢的火车在路易斯安那州利文斯顿脱轨。列车上有47节运载危险品的车厢,其中43节车厢脱轨时,引发了爆炸和火灾。

其中一节车厢装有金属钠,但这节车厢的位置尚不清楚。钠遇水会发生爆炸,所以该车厢被定位前,消防部门无法用水控制泄漏和火灾。而由于火灾和危险品泄漏，车厢的探查工作受到了阻碍。

路易斯安那州利文斯顿镇的2000人已经被疏散一空。穿过利文斯顿市中心的铁路线和穿过该镇的国道也被关闭。在接下来的几天里，爆炸和火灾仍在继续，寻找金属钠的工作也在进行中。在事故发生后的第五天，终于发现装有金属钠的车厢处于其他危险品车厢中间且完好无损，火灾和泄漏也基本得到了控制。铁路工作人员开始重新铺设轨道，但是当一节装有苯乙烯的车厢被吊起时，又发生了火灾。火被扑灭后人们发现，苯乙烯泄漏挥发的气体遇到点火源被点燃，这使得清理现场的工作存在极大的危险性，因此无法继续。火车脱轨图见图10.1。

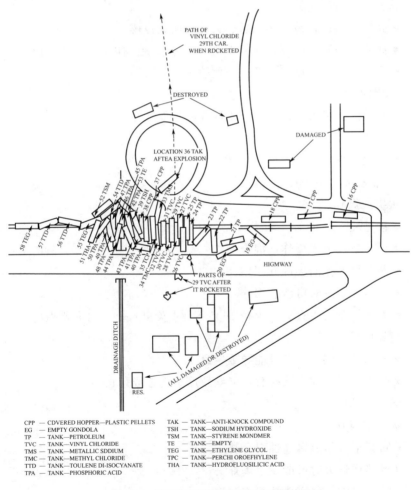

图 10.1 路易斯安那州利文斯顿火车脱轨图

（5）决策点

州警的爆破专家建议引爆这辆装有苯乙烯的车厢，将苯乙烯全部烧掉。但是考虑到所涉及的危险品的数量和类型，以及引爆苯乙烯对这些材料产生的影响，这是非常危险的。

此外，还有一节车厢里的致癌物质已经发生泄漏，正在渗透入地面并通过地下水扩散。利文斯顿镇大部分饮用水都来自当地水井，脱轨现场的泄漏物正在污染土壤，如果不尽快处理，最终一定会影响该镇的饮用水。

（6）涉及的危险品

① 四乙基铅（TEL）

火灾或爆炸

- 高度易燃；容易被热辐射、火花或明火点燃
- 如果车厢发生火灾，800 米（1/2 英里）范围内需要物理隔离
- 注意：本品闪点非常低。采用喷水灭火可能无效

健康问题

- 有毒的：吸入、误食或经皮肤吸收可能致命

径流

- 导致污染

② 氯乙烯

火灾或爆炸

- 极易燃
- 可与空气形成爆炸性混合物
- 蒸气可能流向火源并回燃
- 容器在受热时可能会爆炸
- 如果储罐发生火灾，半径 1600 米（1 英里）范围内需要隔离

健康问题

- 不设警戒线，蒸气可能导致窒息
- 吸入、误食或皮肤接触可能导致严重伤害或死亡

③ 乙二醇

火灾或爆炸

- 可与空气形成爆炸性混合物。
- 受热或遇火时可能发生爆炸。
- 使用喷淋、水雾或抗溶泡沫

健康问题

● 吸入或皮肤接触可能会导致中毒。

④ 苯乙烯单体

火灾或爆炸

● 蒸气与空气形成爆炸性混合物

● 蒸气可能流向火源并回燃

● 在室内、室外或下水道发生蒸气爆炸都很危险

● 容器受热时可能爆炸。

健康问题

● 吸入或接触可能刺激或灼伤皮肤和眼睛

● 燃烧会产生刺激性/腐蚀性/有毒气体

⑤ 甲苯二异氰酸酯

火灾或爆炸

● 可燃物质被引燃，可能燃烧

● 会与水发生剧烈反应，释放出易燃、有毒或腐蚀性气体和液体

健康问题

● 吸入、摄入或皮肤接触蒸气、灰尘可能导致严重的伤害、烧伤或死亡

⑥ 四氯乙烯

火灾或爆炸

● 其中一些材料可能会燃烧

健康问题

● 被确定为致癌物质

10.4.1.3 决策点 PPT——路易斯安那州，利文斯顿培训

幻灯片 1

● 决策点

● 路易斯安那州，利文斯顿

幻灯片 2

● 9 月 28 日

● 05：12，特运列车 9629 脱轨

- 101 节车厢
  - 47 节危险品车厢
    - 43 节脱轨
    - 36 节储罐车厢
    - 27 节非管制危险品车厢
    - 5 节可燃液体车厢
    - 20 节破裂或穿孔

幻灯片 3

- 一节运送金属钠的车厢脱轨
- 该车厢位置不明确
- 金属钠可与水剧烈反应

幻灯片 4

- 接下来是事件的逐日记录
- 9 月 29 日
  - 00：05 车厢爆炸
  - 15：00 大火仍在继续
    - 其中包括三节车厢载有 TEL
    - 第四和第五节车厢装有塑料颗粒

幻灯片 5

- 9 月 30 日
- 14：00 ♯3 VCM（氯乙烯）安全阀被解除，泄漏强度增强
- 14：12 ♯3 VCM 车厢泄漏量减少到稳定燃烧

幻灯片 6

- 10 月 1 日
- 15：00 观察哨报告了排气声变化和音量上升
  - 15：22 ♯4 VCM 发生 BLEVE 爆炸
  - 15：23 ♯3 VCM 泄漏强度增强
  - 15：30 ♯3 VCM 泄漏强度降低

幻灯片 7

- 10 月 3 日
  - 金属钠车厢找到
  - 评估小组进入现场确定车厢内金属钠的稳定性

—小组报告金属钠状态稳定

幻灯片 8

- 10 月 4 日
  —苯乙烯车厢的漏洞成功封堵
  —在残骸西侧重新铺设轨道
    □ 最后三节车厢轨道铺设完成
  —铺设工作导致车厢内装载的苯乙烯复燃
  —消防队员控制住火势
  —苯乙烯受热形成蒸气

幻灯片 9

- 决策点
  —由于苯乙烯蒸气易燃，州警方的爆破专家建议引爆车厢，将苯乙烯在可控条件下烧掉
  —14000 加仑的四氯乙烯正泄漏到地下水中，此为一种致癌物。雨水正在加速它的扩散

幻灯片 10

- 决策点问题：
  —表达你的观点
  —评估这些决定可能对社区造成的影响
  —确定你的行动方案
  —为接下来的 72 小时内的行动设定目标

从这里开始课堂讨论。

幻灯片 11

- 结果
  —10 月 5 日，油罐车成功引爆，产品被烧掉
  —10 月 10 日，6 辆装有氯乙烯的车厢因损坏严重无法转移而被引爆，产品被烧掉
  —10 月 12 日 08：00，允许居民返回该镇

幻灯片 12

- 后续
  —清理工作耗费 1500 万美元
  —事件持续 14 天

□ 对社区的影响持续了更长的时间

幻灯片 13

● 一年之后

　　—高速公路和铁路线路仍处于关闭状态

　　—60000 立方码（1 立方码＝0.76 立方米）的污染土壤被清理

　　—数个家庭流离失所

　　—有 700 起诉讼悬而未决

幻灯片 14

● 值得注意的是，初始决定会影响事态发展，如果决策出错，情况不仅不会好转，甚至可能更糟

● 行动前收集信息

● 这个例子很好地说明了需要持续对事态进行判断，以保持对态势的准确认识

● 某些类型的事件将持续演变，直到采取相应的措施阻止其演化

● 牢记 OODA 循环，并灵活应用

　　—观察

　　—调整

　　—决策

　　—行动

　　—重复

幻灯片 15

● 在没有充分了解事件潜在危险的情况下，任何应对尝试都要比只是疏散该地区而不采取任何应对措施更有意义

幻灯片 16

● 经验教训

　　—尽早发现危险物质，这对正确处理它至关重要

　　—预估可能发生的灾害，然后确定响应目标

　　—确定行动方案

　　—持续观察事件的演化

幻灯片 17

● 行动决策会产生社会影响

● 管理决策也会对行动产生作用

10.4.2 功能训练——帕特里夏飓风

本训练设计适用于一系列沙盘训练或全功能训练。该训练分为风暴前准备和风暴后应对两类问题。因此，教员可以将习题集分为两三部分，分时段进行。

简报信息和事件行动计划可以作为训练的开始，事件行动计划中假设参与者即将换班，IAP的设计中对轮班变动规则做了简要说明，简报信息只是框架，如果想要参与者更详细地了解情况从而开展训练，则需要添加司法管辖区的细节，这部分由读者自行决定，如果作为沙盘推演，则可以用3×5索引卡或PPT来传递信息。如果是全功能训练，则需要导调员用信息系统将信息传递给参与者。预期的行动是通用的，组织者可以将其调整得更为具体，以匹配参与者或角色的特点。

缩写

EM——应急管理者

LE——执法部门

PW——公共工程部门

PIO——新闻发布官

ESF——应急保障部门

紧急天气信息

国家气象局

2004年8月13日星期五4：46

上午11时，1500UTC……国家飓风中心发布了全州东海岸飓风警报，飓风警报意味着24小时内预警区域会出现飓风，应做好应对飓风准备，保证生命财产安全。

……今天晚些时候，飓风可能会席卷与沿海县接壤的内陆县……

……今天下午到晚上，热带风暴可能会席卷该州其他地区……

强飓风帕特里夏今早到达海岸附近，预计今天将沿着东海岸向西移动，然后晚间向内陆移动。帕特里夏很可能在登陆前变成一场大型飓风。其中心附近的风力远超一般飓风。从今天下午晚些时候开始，强风将从南到北覆盖该州大部分沿海区域。预计从日落到夜间会有破坏性的大风……尤其是内陆地区。

……内陆飓风预警将持续到今晚……

内陆飓风风向预警已经升级。帕特里夏将在今天晚些时候在东海岸登陆。下午持续风速将超过 40 英里/时。

预计最高风力将达到 75 英里/时，并伴随着风速更高的阵风。

傍晚时分，随着飓风中心的通过，大风将持续数小时。风力将在清晨时分逐渐减弱……可能在周六黎明时降到 40 英里/时以下。

帕特里夏的外部降雨带将在今天早些时候提前到达该地区，伴随着零星的阵雨和暴风雨，同时，形成独立的龙卷风的威胁也不可忽视。

飓风应对工作应在今天上午完成。由于大风影响，可能会有各种碎片、杂物被卷到空中，下午开车会很危险。

如果居所是活动房屋，或是无法抵抗飞溅的玻璃和碎片伤害的房屋，那么应当立即动身前往以抵御飓风影响的避难所。

75 英里/时的大风将对很多房屋造成严重破坏。建筑的房顶、墙壁及泳池壁都可能被破坏；大树会被风折断，被水浸透的树木可能被连根拔起；物品可能被风吹得到处乱飞，这些都可能造成额外的伤害；同时，当地也可能会因电线杆被破坏而导致大面积停电。

想了解更多应对帕特里夏飓风的方法，请参阅国家气象局发布的当地飓风声明和当地应急管理办公室的建议

10.4.2.1　飓风帕特里夏事件行动计划 1——风暴前的准备工作

任务：在必要时启动全郡应急状态，以保证帕特里夏飓风期间所有应急行动、保护措施和当地疏散，并向公众提供有关保护行动的信息。

行动范围：全郡行动

启动级别：1 级（24h）。

情况：飓风帕特里夏预计将在未来 36 小时内以 4 级以上强度在我郡南部沿岸地区登陆。

天气更新：飓风帕特里夏目前是 4 级飓风，最大持续风速为 150 英里/时，正以 15 英里/时的速度向西北方向移动。预计风暴潮将比正常潮汐高出 10 英尺以上，降雨量将超过 6 英寸。

总体行动目标：

① 开放避难所，保障避难行动顺利进行。

② 下令并协助人员疏散。

③ 做好信息协调。

计划/预案假设：受灾地区 7% 的人口是老年人或困难户，撤离时可能需要协助。

问题和限制：确保政府所有部门都准备好了应对风暴所需的人员、设备和场地，保证在第一时间减轻风暴所带来的影响。

目标 1：避难行动

任务	负责人/状态
特殊人群	ESF8
避难所保障	ESF6
确定需要医疗支持和运输的人数	ESF5 和 ESF8
提供秩序维护	ESF13

目标 2：指挥和协调人员疏散

任务	负责人/状态
指挥疏散	ESF5
监控疏散	ESF5 和 ESF13
帮助特殊人群和需要运输人群	ESF5 和 ESF8

目标 3：协调信息交流

任务	负责人/状态
与所有部门做好信息交流	ESF14
保障求助热线	ESF14

ESF 初步计划会议

ESF5 发布的灾害现状

- 飓风帕特里夏将在未来 36 小时以 4 级以上强度登陆。
- 预计本地区会受到风暴的影响。目前还不清楚它的强度，可能达到 4 级以上，也可能达不到 4 级。

  ESF5 的行动计划

- 行动计划

  —根据国家气象局的预报，确定开放的避难所数量和时间。

  —根据预期影响制定疏散计划。

ESF6 的行动计划

- 行动计划

  —通知红十字会开放避难所的数目和位置。

—与 ESF16 和 ESF8 协调人员协助红十字会管理避难所。

● 问题

—我们什么时候可以确定需要开放的避难所的数量和位置？需要开放多长时间？

—是否有足够的人员管理所有的避难所？如果没有，空缺人员将如何补充？

ESF16 的行动计划

● 行动计划

—一旦确定疏散规模和范围，执行适当的疏散计划。

● 问题

—什么时候可以开始疏散，是否有足够的时间完成疏散？

所有 ESF 的行动计划

● 行动计划

—通知需要在特定场所或 EOC 度过风暴的人员。

—在风暴到来前关闭所有设施并做好保护措施。

● 问题

—执行设备关闭计划和设施保护计划所需时间是多久？

风暴前 36 小时

来自	发送给	消息	预期的行动
《今日美国》的记者	ESF14	该郡正在做什么准备？每年这个时候有多少游客？游客能离开吗？	回答问题的新闻稿
当地电台	ESF14	郡里有避难所开放了吗？避难所的位置在哪里？我们接到了许多公众的电话。	回答问题的新闻稿
当地电视台	ESF14	我需要和郡应急管理部门的人谈谈，我们想在其中一个避难所拍些照片。并在其中度过暴风雨,应该找谁？	转到 ESF5 和 ESF6 进行回答
当地电台	ESF14	我们刚接到当地一家杂货店老板的电话。他们有 2000 桶 1 加仑的水,他们想捐赠给避难所。我们应该联系哪个部门？	转到 ESF6 和 ESF15
州外的电视台	ESF8	我们想对现场进行采访,和您谈谈您在飓风期间为有特殊需要的人所做的准备工作。您能帮帮我们吗？	转到 ESF14
来自该州未受影响地区的电视台	ESF3	我们正在采访一家公用基础服务公司的员工,了解他们是如何应对飓风的。您能花几分钟和我们说一下您在做什么吗？	转到 ESF14

来自	发送给	消息	预期的行动
来自该州未受影响地区的电视台	ESF5	您能花几分钟和我们讨论一下该郡正在开展的飓风准备工作吗？	转到 ESF14
当地电台	ESF14	如果人们在撤离时需要帮助，他们应该打电话给哪个部门？	转发至执法部门以便起草新闻稿
公用事业公司	ESF3	过去 24 小时的降雨导致全郡的水流量增大，下水道满负荷运行，因为短时间(1~2 小时)电力中断而导致水泵站故障。所有应对严峻天气的准备工作和设施都已完成部署	
当地电视台记者	ESF14	我们收到了一些关于疏散命令没有及时下达的投诉。我想参观一个避难所，采访一些撤离者，了解他们对此的看法。您能安排一次参观吗？	
公民的电话	ESF14	我住的那条街上有很多上次风暴吹断的树枝。您打算什么时候把这里清理干净？	
现场执法部门	ESF13	_____街道 _____街区的洪水迫使房主和 _____公寓居民离开家园。居民们被告知当地的避难所已经满了。大约有 100 人需要临时住所	转到 ESF6
现场执法部门	ESF13	道路信息更新 1-____ 和 1-____ 道路堵塞。州际公路 ____的出口关闭	转发给所有 ESF
现场执法部门	ESF13	_____高中没有足够的红十字会志愿者。副警长正在帮助工作人员管理收容所。他们需要更多的红十字会志愿者，这样警员们就能去做其他工作了	转发给 ESF6
当地记者	ESF4	据我们所知，由于存在一项互助协议，全州的消防部门将派出救援人员。能找个了解该协议的人谈谈吗，所有的设备和人力由谁支付	转发给 ESF14
现场执法部门	ESF13	____和____避难所已经满了，人们只能站在停车场里。需要车辆运输到其他避难所	转发给 ESF6
电台记者电话	ESF14	我们已经接到了许多公众的电话，询问全郡开放了多少避难所？位置在哪里？	准备新闻稿
当地粮库	ESF6	只是想让你们知道我们正在找几个仓库来存放捐赠的物品，这样我们就可以将它们作为中转站	转到 ESF15

来自	发送给	消息	预期的行动
现场执法部门	ESF13	外勤人员报告说____附近有龙卷风	
特殊人群避难所	ESF6	我们这里没有足够的医务人员。我们需要额外的帮助。能不能让消防部门或急救人员在暴风雨前到避难所？	
当地商人	ESF15	我们有250个移动厕所供暴风雨后使用。我知道____将被用作集结地。我该跟谁说厕所安装的事儿？	
消防部门通信处	ESF4	我们已经派人去处理报告的____附近的龙卷风	
现场公用工程部门	ESF3	249号水站断电	
红十字会	ESF6	____特殊人群避难所报告说,断路器经常被许多病人带来的氧气机碰倒。他们需要一些帮助	
公用工程部门现场作业处	ESF3	我们接到了____地区很多忧心忡忡的市民的电话。____大道和____中的污水正沿窨井流向湖里。市民们想知道该怎么办。污水会不会导致肝炎和其他疾病？湖水会威胁健康吗？如果是,会持续多久？	转发到ESF14,以便发布新闻稿
当地的动物保护协会	ESF6	您能查到当地允许留动物的旅馆和汽车旅馆的名单吗？我们接到了了很多求助电话,但是我们没有可以提供帮助的酒店清单	转发到ESF14,以便发布新闻稿
当地电视台记者	ESF5	我刚上了国土安全部关于媒体的课程。国土安全部建议地方机构建立一个信息联合中心。您会这么做吗？	
当地记者	ESF5	您能告诉我郡避难所的总人数吗？	转发到ESF6
红十字会	ESF6	____高中报告说他们那里没有副手,收容所已经人满为患,人们开始有矛盾,需要尽快派一名副手来帮忙	
现场执法部门	ESF13	三名委员要求在他们的社区增加执法人员,以确保他们在EOC时保护他们的家人。我们应该告诉他们什么？	
CNN(美国有线新闻网络)记者	ESF14	我们想就准备工作与相关人士做一个现场采访。这场风暴看起来几乎和卡特里娜飓风一样严重,我们想讨论一下郡里为应对飓风所做的准备工作	

10.4.2.2　飓风帕特里夏事件行动计划——飓风登陆后 7 小时

任务：在必要时启动全郡应急状态，以保证帕特里夏飓风期间所有应急行动、保护措施和当地疏散能够开展，并向公众提供有关保护行动的信息。

行动范围：全郡行动

启动级别：1 级（24h）

情况：帕特里夏飓风在夜间登陆。风力已经减弱。据报道，在夜间已经造成了严重的破坏。

天气更新：飓风帕特里夏现在是一级飓风，已经深入内陆，并在向北移动。

总体行动目标：

① 保障已开放的避难所（包括特殊人群避难所）。

② 全郡灾情评估。

③ 做好信息发布。

计划/预案假设：民宅和企业会被严重破坏。可以肯定的是，通信、电力和其他基本服务将在未来一段时间内大规模中断。

问题和限制：需要确定互助的需求和国民警卫队资源。损失的种类、数量和程度决定了整体的灾情评估，也决定了救助的规模和种类。

目标 1：避难行动

任务	负责人/状态
特殊人群	ESF8
避难所保障	ESF6
确定需要医疗支持和运送的人数	ESF5 和 ESF8
提供执法力量支持	ESF13

目标 2：损害评估

任务	负责人/状态
现场损失评估	ESF1、3、4、12 正在进行
全郡损失评估	ESF5
搜索与救援	ESF4 和 ESF9

目标 3：公共信息发布

任务	负责人/状态
与所有 ESF 协调信息	ESF14
保证热线畅通	ESF14

风暴后 7 小时

来自	发送给	消息	预期的行动
执法部门	ESF13	____国道被淹没在 2 英尺深的水下,道路封闭	转发给所有 ESF
执法部门通信处	ESF13	我们接到____郡警打来的电话。他们已经向我们地区派遣了大约 100 名警员。他们想知道是否需要提供帮助	发电子邮件告知在何处部署警力
公共工程部门	ESF3	____与____附近停电,加油站已关闭,该地区的消防站正在使用发电机供电	转发给所有 ESF
国家媒体	PIO	根据卡特里娜飓风的经验教训,在本次风暴来袭之前采取了哪些准备工作？做了什么不同的事？	撰写新闻稿
红十字会	ESF6	____高中。由于道路被淹,避难所无法使用	转发给所有 ESF
执法部门现场办公室	ESF13	____区域洪水泛滥,____已经封闭	转发给所有 ESF
执法部门现场办公室	ESF13	____州际公路被淹,____已经封闭	转发给所有 ESF
现场公共工程部门	公共工程	一号电站的污水处理厂中有几名工作人员的房屋被毁,他们的家人无家可归。如果将他们的家人安置在工厂,他们就能去上班。我们可以让他们待在里边吗？	回复电子邮件
现场公共工程部门	公共工程	我们的员工还没有吃东西。他们该怎么获取食品？	转给后勤部门
州警察	LE	____的____因为十字路口有残骸而关闭,它看起来是个大型结构,因此该地区将关闭一段时间	转发到所有 ESF
公共工程部门外勤	公共工程部门	我们的一些员工在修理设备时受了轻伤。他们去哪里接受治疗？	转发给 EM
现场 LE	EOC LE	____和____十字路口被洪水淹没,医院甚至急诊室被波及	转发给所有 ESF

来自	发送给	消息	预期的行动
记者	PIO	我们收到一个避难所的报告,那有一个人得了脑膜炎。 我们将刊登这篇新闻,我们希望您对这篇报道做出评论	转给 EM 和公共卫生部门,以便编辑新闻稿
执法部门通信处	执法部门	____郡请求通信支持人员。只要求有无线电和投诉台经验的接线员,警察电传打字机无法使用。他们是邻郡,我们可以帮他们吗?	通过电子邮件回复
LE 外勤	LE	有一艘大渔船横在了____公路上。它完全堵住了道路。____道路将会封闭,直至另行通知	转发到所有 ESF
贝尔南方代表	EM	目前尚不清楚该郡各信号站的通信状况。长途电话服务中断了。 本地业务中断。我们需要敦促大家在修好前不要上网	转发给所有 ESF。与 PIO 合作编写一份新闻稿
后勤部门外勤	后勤部门	您想激活哪个 POD 站点?在冰和水送来之前,我需要组织人员来管理	制定清单并转发给所有 ESF
公园办公室	后勤部门	我们有两组人手,有链锯。你想让我们把他们派到哪里?哪些街道需要优先清理?	转发给运输部门
本地公共工程现场	公共工程	我们的维修人员正试图前往受损地区的车站。不守规矩的市民向他们的卡车扔石头,做出威胁的手势。我们能得到什么支持来保护我们的工人?	转发给执法部门
郡专员	EM	在我的社区大约有 35 个人自愿参与搜救或清理工作。 我们可以使用他们吗?	转发给志愿者
LE 现场作业	LE	有几个员工还没有上班,是发工资的时候了。员工的工资状况如何?我们怎么算他们的工时?	转发给 EM
当地医院	公共卫生部门	我们启动了应急力量,我们有一些人受伤了,但不多。进入医院的正常通道被封锁了。我们的水压非常低,这给医院的运行带来了很大的问题	转发给 EM 和公共工程部门
信息中心	EM	一棵大橡树倒了,根系拉断了一条总水管。水都流到____的____路上了,需有人去维修,控制漏水	转投公共工程部门

来自	发送给	消息	预期的行动
市民	志愿者	我刚从田纳西州搬来,我接受过避难所管理培训。有什么我能帮忙的吗?我的房子没有损坏,我想帮忙	通过电子邮件回复
信息中心	EM	____墓地被洪水淹没了,有很多棺材在街上漂着。 我们需要有人在这里分辨出哪个是哪个,然后把它们放回去	转发给 LE 和公共卫生部门
公园管理部门	公共工程	郡工作人员应该穿什么样的衣服或做什么样的标记,这样他们才能被识别为飓风救援人员?可替换的制服不够,不足以坚持到电力恢复	通过电子邮件回复
污水处理外勤	公共工程部门	我们至少有 1/3 的污水泵站没有电力供应,我们才刚刚开始做评估	转发给所有 ESF
公共工程部门外勤	公共工程部门	我们在现场的团队报告社区大学屋顶倒塌,部分墙体坍塌。我们需要有人来检查损坏情况	转发给 EM
LE 外勤	LE	我们的队伍无法到达海滩,因为道路被冲毁、电线杆倒下,还有瓦砾。据他们所能看到的情况,海滩上有许多房屋被完全摧毁。一些已经离开了地基,主要在____海滩大道的中间	转发给所有 ESF
消防部门	消防员	车站有很多人提出了各种要求,从受伤到补给都有。我们是否应该把补给送到车站来减轻 POD 的压力	转发给 EM 和后勤部门
LE 外勤	LE	我们在____公共泳池有一个大氯气罐在泄漏。我们需派一队人来处理这件事	转发给 EM、消防、危险物品处置组
当地媒体	PIO	我们听说了抢劫的事情。请问这是不是真的?	撰写新闻稿
污水处理外勤	公共工程	我们的天线被吹倒了,遥测系统完全失效	转发给所有 ESF
CNN 亚特兰大	PIO	您能花几分钟时间和我们讨论一下损失以及您如何撤离人员吗?	邮件回答
后勤部门外勤	后勤部门	预计急救小组在几小时后到达。我们得为他们建立集结区。我们要求执法人员阻止民众进屋寻找物资	转发给 LE

来自	发送给	消息	预期的行动
监狱	LE	监狱已经失去了所有的电力,发电机也不能提供足够的电力来保证监狱运行。控制入口和太平门的电路没有安装在应急电路上。不要再送囚犯过来了,做好转移囚犯的准备	转发给所有 ESF
LE 外勤	LE	巨大的跨州标志已经掉下来,完全切断了州际公路。____完全封闭	转发给所有 ESF
LE 外勤	LE	这个小型民用机场在暴风雨中被龙卷风严重破坏。我们有几架飞机翻转并漏油。所有建筑物都受到严重破坏。我们需要有人过来检查一下损坏情况	转发给 EM,消防部门和危险品处置组
LE 外勤	LE	____公寓已经倒塌,有报道称有人被困。我们需要消防人员来这里进行搜救	呼叫 EM、消防、搜救、危险品处置组
LE 外勤	LE	在____附近,有居民拉起井盖,以加快街道上洪水的排水速度。这可能威胁到车和行人。我们需要公共工程部门的人来处理这次洪水或者和居民沟通	转发给公共工程
信息中心	公共卫生部门	我们接到很多关于水是否安全的电话。我们应该告诉他们什么?	为信息中心写一个声明
电力公司	公共工程	____变电站关闭,线路断开。 在报告发布前几个小时,____变电站通道被封锁。 看起来没有损坏,但没有收到信息。 ____变电站损坏,线路中断	转发给 EM

10.4.2.3 飓风帕特里夏事件行动计划 8——飓风登陆后 24 小时

任务:根据需要启动全郡应急状态,以保证帕特里夏飓风期间所有应急行动、保护措施和当地疏散,并向公众提供有关保护行动的信息

行动范围:全郡

启动级别:1 级(24 小时)

情况:飓风帕特里夏于 24 小时前登陆。损失评估和搜救行动正在进行中。

天气更新:飓风帕特里夏已经向北消散。

总体行动目标:

① 全郡灾情评估。

② 搜救行动。

③ 做好长期庇护保障。

计划/预案假设：房屋、商业和基础设施大面积受损。庇护行动将持续很长时间。该郡的部分区域隐患被清除前将继续限制出入，只允许公共安全人员进入。全郡大面积停电、通信中断等情况将持续数周。POD 作业还将持续一段时间。

问题和限制：应当确定急救资源和国民警卫队力量的需求。破坏的规模和程度限制了行动，需要额外的资源来帮助受灾区域恢复正常。

目标 1：避难行动

任务	负责人/状态
特殊人群	ESF8
避难所保障	ESF6
确定需要医疗支持和运送的人数	ESF5 和 ESF8
提供执法力量支持	ESF13

目标 2：损害评估

任务	负责人/状态
现场损失评估	ESF1、3、4、12 正在进行
全郡损失评估	ESF5
搜索与救援	ESF4 和 ESF9

目标 3：公共信息发布

任务	负责人/状态
与所有 ESF 协调信息	ESF14
保证热线畅通	ESF14

风暴后 24 小时

来自	发送给	消息	预期的行动
现场执法部门	执法部门	昨晚我们没有足够的人员来执行宵禁。发生了几起抢劫事件。我们急需国民警卫队的援助。至少需要一个连来协助工作，他们什么时候能到？	通过转发给 EM 从而将该情况反映给州政府
后勤部门外勤	后勤部门	我们今天应该能收到第一批冰和水。我们需要与 PIO 沟通，以确保公众知道怎么获取补给	转发给 PIO

来自	发送给	消息	预期的行动
公共工程部门外勤	公共工程部门	我们想请求州政府派出 2 个废墟清理特别小组来协助清理街道 （如果您想使用表格作为附件,请参阅发送给您的请求协助表格）	通过转发给 EM 从而将该情况反映给州政府
公共工程部门外勤	公共工程部门	____的老人们注意到我们____的院子里有几辆货车。他们申请用这些货车把一些居民送到避难所	通过电子邮件回复
公共工程部门外勤	公共工程部门	飓风带来了大量降水,我们需要向工厂泵入 4000 万～5000 万加仑的水,以防止水流向居民。唯一的问题是我们只能处理 3600 万加仑,通过我们的过滤器从配送中心排走。我们该怎么办?	直接回答
信息中心	公共卫生部门	我们接到了群众电话,报告在路边和空地上发现了动物尸体。我们该怎么指导他们处理尸体?	将答复转发给 PIO 以撰写新闻稿
火灾现场	消防部门	我们的队伍很难找到路,即使他们很熟悉道路也不行。因为大多数路牌都消失了。公共工程部门能解决这个问题吗? LE 也面临着同样的问题	转发给 PW
当地医院	公共卫生部门	由于水压低,我们的实验室无法进行测试(以及其他问题)。我们能找一辆消防车来帮助增大大楼里的水压吗?	转发给 FD
火灾现场	FD	我们想请求两支 2 类消防/救援特遣部队来协助本州的搜救工作 (如果您想使用表格作为附件,请参见发送给您的请求协助表格)	通过转发给 EM 从而将该情况反映给州政府
火灾现场	消防部门	我们的队伍遇到了大量滞留在家的人,他们都患有严重疾病。包括各种慢性呼吸系统问题。能否与公共卫生部门沟通,提供一些替代方案,以便让我们的队伍腾出手干其他工作	转发给 PH
公共工程部门外勤	公共工程部门	由于飓风,沼气池已经满了,污泥无处可运,没有空间储存污泥 如何处理这些污泥呢?能否腾出更多的空间,以便行动能够继续	通过电子邮件回复
信息中心	公共卫生部门	我们接到了一些电话,他们在风暴来临前没有储备药物,现在药物已经不多了。很少有药店营业。他们在哪里可以买到药?	转发给 PIO,以新闻稿所需的措辞

来自	发送给	消息	预期的行动
信息中心	公共卫生部门	我们接到电话,人们想知道该如何处理他们的游泳池。 没有电力,池水很快就会变质,并会成为携带疾病的蚊子的温床	撰写新闻稿
火灾现场	消防部门	有没有确定可加燃油的地点?一些加油站的泵无法使用,我们的队伍在加油问题上遇到了困难	转发给 EM 寻求答案
公共工程部门外勤	公共工程部门	一支由 10 辆卡车和 20 人组成的车队从南卡罗来纳州抵达,车上载有应急泵和发电机。他们可以住在哪里?	转发给志愿者
现场执法部门	LE	我们遇到了很多不会说英语的人。我们需要翻译	转发给志愿者,以制定一份征集志愿者的新闻稿
当地记者	PIO	我们听说了哄抬物价的报道。反欺诈法案通过了吗?如果有,能否介绍具体情况?	撰写新闻稿
LE 外勤	LE	我们需要向州政府申请两支 2 类 LE 特别反应队 (如果你想使用表格作为附件,请参阅我发给你的请求帮助表格)	通过转发给 EM 从而将该情况反映给州政府
当地医院	公共卫生部门	我们的应急发电机不能满足需求。空调不能保持低湿度,所以我们的手术室不能使用。我们的急诊科挤满了各种各样的伤者	转发给所有 ESF
公共工程部门外勤	公共工程部门	一条排污系统主线被破坏,导致污水流入居民家中。工作人员已经设置了旁路软管和水泵,以便对主干线进行维修。愤怒的房主们要求我们把废水从他们家中清理出去。我们该怎么办?	通过电子邮件回复
LE 现场	LE	我们有两个小队在汽车里发现了尸体,应该是在风暴中丧生的人。他们正在请示法医到场前如何处理	转发给 EM 和公共卫生部门
公共工程部门外勤	公共工程部门	____海滩大道在约 1/4 英里的范围内完全被破坏,主要破坏点有两个。它将无限期关闭	转发给所有 ESF
当地媒体	PIO	能告诉我们水和冰的分发点位置和工作时间吗?	转发给后勤部门

来自	发送给	消息	预期的行动
公共卫生部门现场	公共卫生部门	我们申请两支 3 类灾害社区卫生援助工作队来协助恢复行动	转发给所有 ESF 以通知州政府
公共工程部门现场	公共工程部门	＿＿附近的一名居民看到工作人员卡车上有汽油罐,就找到在附近的工作人员询问是否可以买一些汽油,因为他的发电机没有油了,可能也没有食物。我们该怎么跟他说?	通过电子邮件回复
污水处理外勤	公共工程部门	由于洪水,我们的工作人员需要每天工作 16 小时。工作这么久合适吗?该给他们支付多少报酬?	转发给 EM 寻求答案
信息中心	EM	很多人想知道他们什么时候可以回到封锁地区,看看自己的家。我们应该怎么告知他们?	为 PIO 撰写新闻稿
污水处理外勤作业	公共工程	街道部门申请两个 6 英寸的水泵和 80 英尺长的软管来帮助控制洪水。我们应该填写这个申请吗?	通过电子邮件回复
火灾现场	FD	＿＿车站发现了一个流浪汉躲在车站后面的附属建筑里。他说他没有地方可去。能派人把他送到避难所吗?	通过电子邮件回复
FD 外勤	FD	＿＿和＿＿车站已经进行了紧急维修,各单位正在各自车站抢修	转发给所有 ESF
污水处理外勤作业	公共工程部门	＿＿电站的发电机运行不稳定,无法输送稳定的电力。电站需要关停,直到我们修好发电机或者更换新的	转发给 EM
州 PIO	当地 PIO	州长想在今天晚些时候视察受灾地区。她将需要约 10 名执法人员陪同,此外 EOC 人员进行汇报。应该会在 15:00 左右到达。请满足这些需求,并在完成后告知	转发给 LE 和 EM
信息中心	PIO	我们收到很多来自州外的人想了解住在本州的家人情况。我们该告诉他们什么?	撰写新闻稿

现场报告

以下报告可以通过 EOC 软件或在 EOC 的白板上发布。调整数字、名称和所有其他细节，以适应您的管辖权限。

风暴后报告

公共工程部门报告

电厂＃1	工厂流量为 320 万加仑每天。所有设备正常运行。从行政大楼到工厂的道路被水覆盖,几乎无法通行。工人白天正常上班
电厂＃2	工厂流量为 1200 万加仑每天。所有设备正常运行。碎块堆积在河岸,工人白天正常上班
电厂＃3	由于间歇性停电,从凌晨 5 点开始,工厂完全依靠发电机供电。＿＿河水位超过河岸,工厂后门被淹,流量接近 4000 万加仑每天,所有设备正常运行。工人白天正常上班,首席操作员在州外度假,无法返回
变电站	除一名操作员和两名工人以及一名助理主管外,所有人员都在岗
收集部分	所有值班人员在岗
办公室工作人员	除一名调度员在州外休假外,所有人员都在岗

避难所的报告

避难所	人数	需求
＿＿＿高中	容量 350 总数 370	
＿＿＿高中	容量 585 总数 456	需要额外的移动厕所。避难所管理员需要增加人手,轮换值班
＿＿＿高中	容量 1000 总数 1100	各方面都需要协助。对家庭成员的信息查询过多
＿＿＿高中	容量 100 总数 250	请求轮换人员和食物支援。本避难所太小而人太多,已经趋向混乱了
＿＿＿中学	特殊需要的避难所 容量 200 总数 230	需要更多医务人员

避难所	人数	需求
_____中学	容量 556 总数 700	人们从州际公路看到我们的避难所并来到这。我们得马上把这些人转移到另一个避难所。我们还需要更多的警力来管理州际公路出口,防止人们来这里
_____中学	容量 700 总数 600	
_____中学	有特殊需要的避难所 容量 150 总数 130	

第 11 章
资料：
决策辅助工具和工作表

下列清单、决策辅助工具和表格旨在为读者提供有参考价值的文献资料和工作思路，为满足读者使用需求，这些文件可以直接复制使用，也可以稍加修改后使用。这些文献资料不能取代任何 ICS 或 NIMS 的官方正式表格，而是用来当作工具，组织、整理、填写这些文件所需的信息，实现其中确定的目标。

11.1 应急管理者即刻行动与民选官员个人计划清单

11.1.1 应急管理者和应急救援行动中心员工的个人即刻行动

应急管理者必须在事件发生前做好应对准备。作为救灾响应的领导人员，他不能为自己或家人没有做好应对灾害的准备而担忧。应急管理者应该准备一个个人"应急包"，其中包括必备的个人物品，这些物品能确保他在至少 72 小时内过得相对舒适。

这个"应急包"应该随身携带，可以随时取用。例如放在车里以便随身携带。除了容易变质的药品等以外，应急包应该包含所有东西：

- 可在 EOC 更换的衣服
- 枕头，毯子和其他睡眠所需物品
- 如果 EOC 没有提供的话，还需要折叠床或睡袋
- 参考资料
- 文件夹中的电话列表
- 其他必需品
- 药品和个人卫生用品

一旦事件发生，就很少有机会回家休息。事实上，即使你有一点时间，也可能因为道路上存在废墟和道路封闭无法回家。应急管理者必须随时准备搬进 EOC，并考虑为自己和员工安排住宿，越多越好。在 2003 年的飓风季节里，笔者在某个办公室小隔间里度过了几个晚上。该房间被指定为宿舍，每个隔间里都有行军床。隔间里尽量保持黑暗和安静，这样人们一有机会就可以睡觉休息。虽然不是最理想的环境，但它确实管用。

为使自己和 EOC 的员工能够吃饱饭，你必须为其制定计划。除非你在 EOC 设计了一个全尺寸的商业厨房，否则这里将不会有开放的快餐就

餐区，因此你要为此做出安排。在我们的例子中，他们最初用的是一家餐饮服务公司，后来依靠县里的工作人员，他们带来厨具烹饪一日三餐。

你必须为自己的家庭制定计划。整个行动期间我已把家人送走了，所以我不用担心他们。家人的离开会使我更加从容地工作，不用分心去考虑他们。无论你做什么决定，都要有一个计划，因为你可能较长时间见不到家人，所以你必须为他们安排好。

预先制定一个计划，这样在龙卷风、地震或恐怖袭击突发的情况下，就能做到与家人相联系，确认平安。当你为社区组织响应行动时，对家庭的担心可能会在执行任务时分散你的注意力。9 月 11 日那天，笔者负责为市政府筹备 EOC，向市长汇报情况。由于我们并没有直接参与到本次事件之中，所以我们的经历与那些参与其中的人相比显得无足轻重，但我认为它还是有意义的。当我在佛罗里达的时候，我的大儿子在纽约郊外上大学，他经常去城里。那一天他在城里的可能性很小，但直到我和他说上话，才使我真正放下心来。那天早上，如果你的家人在城里，那么你就会更加担心，你也就开始明白，家人的安全才是真正值得考量的问题。记住，这是双向的，他们也希望得知你是安全的。

记住，每一个员工都将离开他们的家人。他们中的许多人在危机期间离开家人都会觉得难以适应。尽管消防队员和警察已经对此习以为常，但这从来不是一件容易的事情。要确保有一些计划，让这些人有机会联系他们的家人。

11.1.2 民选官员的即刻行动

为民选官员准备一个工具包，给他们一份灾害期间应该采取的行动清单。民选官员在应对灾害过程中掌控局势，并且在所有应对人员中发挥领导作用，这是非常重要的。这个工具包是一些基础工具，可以帮助他们采取必要行动来更好地了解事件局势，以及进行必要的决策。它为民选官员在灾害应对行动中的最初步骤提供了参考，直到他们能够真正掌控现场情况为止。工具包应包括：

- 基本的应急计划和检查清单
- 带有铅笔和钢笔的笔记本
- 有照片和头衔的身份证件

- 所有高级官员的手机号码和家庭电话联系方式
- 个人生活物品

除非他们参加过救灾训练，否则在正常的社会和商业环境突然变化时，他们就会毫无准备。这份检查清单是为了给官员们提供他们需要的信息，让他们了解事件的严重性：

- 记录个人日志——在这个日志中，应该记录他们知道什么、什么时候知道、什么时候以及为什么做了重大决定。有了这个日志，他们可以重新建立一个信息时间表，并为事件后不可避免的问题做出决定。需要注意的事项：
  - 通知人
  - 通知的时间
  - 应急事件的类型
- 为了了解这起事件的规模和范围，民选官员应该问以下几个问题：
  - 事件的类型
  - 事件的规模
  - 已知损害
    - 受伤/死亡
    - 受影响地区
    - 受损失的财产数量
    - 已投入的资源
    - 是否需要并已请求外部资源
    - EOC 状态

公职人员应立即采取以下行动：

- 尽快与应急管理办公室建立联系，主要目的是让他们知道你已经充分了解了该事件，并计划前往 EOC。
- 指导社区内的所有资深员工报告情况、资源可用性以及任何可能影响他们继续工作能力的问题。
- 在 EOC 与应急管理人员和部门主管一起主持评估会议。
- 与应急管理者协商，考虑在必要时发布紧急声明。
- 给每个人规定汇报时间。在事件的初期，可以确定事件的严重程度之前，最好每隔一两个小时汇报一次。

- 如有必要，应与应急管理者协商，讨论何时将该事件通知下一级政府，并给出相关细节。
- 如果有必要，与你所在的县、州或地区周边的官员建立联系，向他们通报情况，以及是否需要他们管辖区的互助。
- 提醒资深职员保存他们自己的行动日志，并开始跟踪与行动相关的费用，以便他们可以确定分配给他们部门的具体费用。
- 与应急管理者协商，制定高级政策会议时间表。在事件发生初期，记住信息的流动性和准确的态势感知的重要性。
- 在与应急管理者和指定的公共信息官员协商后，为第一次和后续的新闻发布会制定时间表。这项工作应该尽早完成，尽量收集到足够的信息与公众分享。
- 联系司法管辖区的法律顾问，了解计划采取的步骤和需求：
  —紧急声明
  —继承顺序链
  —政府间的援助
  —社会管控（宵禁）
  —物价管控
  —其他可能的限制
- 要了解社区内对灾害响应的看法，尤其是各社区对灾害响应看法的差异。

11.2　对社区行动的建议

在灾害袭击社区时，可以采取以下行动建议。它们包括灾害前后的大部分内容

11.2.1　社区概要信息

官方社区概况显示了所有关键基础设施，包括应急和民用设施。这个列表会成为所有灾害评估的基础。应给这些列表中的场所建立行动计划列表，这可以在事件发生后供第一响应人使用。

社区重要设施包括：

- 医院
- 疗养院

- 退休中心（团体之家）
- 辅助生活设施
- 避难所/特需避难所
- 学校
- 旅游/娱乐景点
- 主要办公建筑
- 购物中心/商场
- 码头
- 机场
- 港口
- 铁路终点站或堆场
- 移动住宅或人造住宅公园
- 房车站点

基本的服务设施包括：
- 警察局/治安站和分局
- 消防站
- EMS 站
- 911 中心
- 公共工程场地和设施
- 污水处理和泵站
- 加油设施
- 电站和变电站
- 电话交换/控制站
- 动物收容所
- 通信塔
- 桥梁

资源位置包括：
- 散装燃料存储仓库
- 冰工厂
- 食物储存仓库
- 建筑设备集结场地

11.2.2　救灾设施和车辆即刻行动工具包

每个公共安全、公共工程设施和车辆都应该将基本信息保存在三环活页夹上，或者其他便于查阅的文件夹或本子上。这个工具包列举了灾害发生时应采取的最初行动。不论有没有部门主管或领导的指示，这些行动都应该执行。所要采取的行动以及为此收集的信息是十分重要的，这一点很关键，一定要向灾害发生时有可能正在值班的人员传达到位。通过让各级人员（一直到街道级）做好执行计划行动的准备，你可以确保 EOC 收到的首批信息将是所需信息的基本元素，有了它们就可以开始评估灾害对社区的影响。如果社区内的每个执法、消防和公共工程等部门都被安排到重要基础设施的不同部分进行调查，那么一个更加清晰的整体图景将会更快地绘制出来。例如，执法部门会调查街道、十字路口和监狱；消防部门可以检查医院、疗养院和危险物品存放地点；公共工程部门可以勘测电网、供水和下水道设施。为了作出合理的决策，应急管理团队不能仅仅依靠个人的求助信息和媒体的报道进行决策，而应由其训练有素的成员对社区进行评估后才能做出。这个行动列表并不是完善的，用户可以根据个人意愿添加或删除一些元素来适合他们社区的需求。

11.2.2.1　救灾设施即刻行动准备

当每个救灾设施都有了管理员后，就应指定一名设施负责人。负责人应跟踪设施工作人员及其在灾害响应期间所采取的行动。由于将要采取非比寻常的行动和解决人员分工问题，设置专人负责记录各种不同行动是十分必要的。如果有适当的记录，这些行动中的许多问题都可以得到联邦应急管理署的补偿。管理员或官员不在事故现场做出回应和决策。她的职责是管理该设施：记录人员、设备、物资和灾害期间的行动，订购更多的物资，并确保现场的单位拥有必要的物资后勤支持。他们至少应记录以下信息：

- 设施损坏
- 车辆或设备损坏
- 人员受伤
- 为确保设施安全而采取的措施
- 人员为维修或解决设施的其他问题而采取的非常规行动

- 全体工作人员名册和工作时间，包括所有报警求助电话和下班人员登记

设施报告包括以下内容：

- 设施损坏和状况
  - 门
  - 屋顶
  - 窗户
  - 电力——备用发电机的工作或运行
  - 水
  - 下水道
  - 天然气
  - 其他

通信设备
  - 无线电
  - 电话
  - 网络

- 车辆/设备
  - 损坏
  - 受影响的功能

行动报告包括：

- 值班人员和其他报到人员的名册
- 人员对问题或警报作出回应，提供地址、时间和处理方法
- 所有员工加班情况表（非常重要，因为只有加班是有补偿的）
- 无线电通信或电话值班表
- 给部门设施报告进行全面的绿灯评估
  - 整理核对站内所有单位的简要评估，并向指挥系统内的上一级机构报告
  - 全站设施绿灯等级
  - 特殊人员资格清单（在紧急情况下可能用到个人特殊技能）
  - 设施和人员的需求未得到满足

11.2.2.2 车辆或单位即刻行动

灾害发生后，每个单位或车辆应立即巡视其责任区，评估该地区的损

失情况，特别是关键目标设施的损坏情况。这些任务应该在灾害发生前就安排好，并以三环活页夹或本册的形式保存在车辆上。每个关键目标设施都应该占用一个页面，包含其中所需的信息，以避免混淆。应该培训公务车上工作人员如何填写调查表，而且车上应该长期备有调查表。如果灾害发生，工作人员可以立即采取一系列行动并开始收集关键信息，而无需等待命令。以下是此类报告的示例。

责任区关键设施简要损坏评估调查

- 单位或车辆
- 日期/时间
- 设施名称
- 联系人姓名
- 受到影响的操作
- 损坏程度（重、中、轻）
- 电源（是/否）
- 水（是/否）
- 通道（被阻塞/敞开）
- 操作的
- 设施内人员立即采取的行动
- 对设施的直接威胁

公路及街道评估

- 街道/公路名称
- 行进的方向
- 交通信号
- 路标是否完好无损
- 开掘道路所需设备
- 确切位置：最近的十字路口，路标或街区号

医院现状报告

项目	♯已占用的床位	正常入住率/%	立即可用的床位①	1小时后可腾出的床位②	4小时后可腾出的床位③
医疗					
外科					

项目	#已占用的床位	正常入住率/%	立即可用的床位①	1小时后可腾出的床位②	4小时后可腾出的床位③
矫形外科					
儿科					
成人重症监护室					
儿童重症监护室					
隔离床					
操作套件					
烧伤床位					
急诊室床位					
急诊辅助床位					
辅助住院床位					

① 立即可用＝自动计算的已占用的床位数与正常使用的病床数之差。

② 1小时后可用＝由于提前腾出床位、取消择期手术、紧急工作人员召回（清空床位）而可用的床位。

③ 4小时后可用＝相当于1小时可用（这些数字不包括回补MCI受害者的床位）。

注：急诊辅助床位＝MCI期间开放区域的床位或椅子（如物理治疗、会议室）。

辅助住院床位＝因紧急情况而溢出时开放的地区的病床。

项目	立即可用的床位	+1小时后可腾出的床位	+4小时后可腾出的床位
呼吸治疗师			
药剂师			
外科医生			
儿科医生			

注：+1小时的工作时间，可能是所有可用的人员。

+4小时的工作时间可能会减少到预定的员工。

净化

是/否　　医院的净化能力

项目	立即	1 小时以后	2 小时以后
估计每小时流动病人数			
估计每小时不能走动的病人数			

　注：是/否为净化人员备用保护。

应急系统支持

项目	完全运行	有限运行	没有
应急电源			
应急通风空调系统（HVAC）接通应急电源			
冷却器启动紧急电源			

设施收容能力

是/否

实施时间	小于 15 分钟	15～30 分钟	大于 30 分钟

11.2.3　为支持区域性疏散而预先部署资源的行动建议

　　所有的区域性疏散都应通过州长办公室进行协调，以确保当多个县同时疏散时所经路线不会拥堵。通过各县和州的协调，使得疏散能够平稳有序地进行，避免了交通拥堵造成的延误。为了保障这些大规模的人口流动，必须在得到命令之前预先部署资源。以下是一些建议：

- 可编程的电子公共信息标志/显示器
  - 道路状态的变化
  - 公共避难所的位置和状态信息（满员/仍在接受疏散人员）
  - 酒店/汽车旅馆的可用性
- 用以提供最新信息的本地/小区域广播电台
- 用于清理道路的救援车、拖车和其他重型设备
- 用于在区域路线的加油站补充燃料供应的汽油罐车
- 救护车，医务人员
- 避难所管理人员和用品
- 用于运送没有其他交通工具的疏散人员的公共汽车
- 样品/测试设备和人员

11.2.4 应对公共水源污染的行动建议

如果污染范围较大且持久，可考虑联系军方，寻求水净化方面的援助和现场卫生方面的专业知识。由于受到影响的人数众多，环境形势严峻，因此他们将是最好的应急力量。充分发挥当地公共卫生官员的重要作用。在局势得到控制之前，使用公共服务公告让公众了解情况：

- 告知公众水已被污染。
- 利用公共服务公告和社交媒体等形式说明使用自来水之前进行消毒的最佳方式，以及供水点的位置（POD）。
- 军队和公共卫生官员应该考虑向所有受污染的水中喷洒药剂防止滋生蚊虫，以便早期预防疾病传播。
- 利用公共服务公告（PSAs）和社交网络提供环境卫生方面的建议。如果公共卫生间无法使用，公共卫生部门可以帮助制定废水处理设施的建造和使用建议。

11.2.5 与外部机构/志愿者合作开展大规模搜救行动的行动建议

应该给被派往灾害现场的人员发放个人保健包。对于在实地工作的人员来讲，没有地方可以找到所有种类的个人物品。除非他们被分配到消防站或其他官方机构，否则他们将得不到任何个人支持。他们将需要：

- 如果事件发生在夏季，需要驱虫剂
- 如果是在夏季，要涂防晒霜
- 供应瓶装水——足够在野外非常炎热和潮湿的条件下长时间使用
- 即食食品（MREs）或其他不易腐烂的食品
- 急救包（绷带，水，碘伏，斜纹棉布，抗生素乳膏等）
- 在靴子或鞋子上系紧裤腿的带子或橡皮筋
- 可以用来控制被遗弃宠物的手杖，这些宠物可能具有攻击性

11.2.6 志愿者管理的行动建议

为报告的所有增援资源和人员指定一个大的集合区域。考虑使用最近的体育场、游乐场或其他能够处理和组织大量人员及设备的开阔区域：

- 检查包括护理人员、消防队员、急救人员、执法人员以及医生和注册护士在内的全体人员的证件。

——制定一项临时制度，以便允许州外医疗和执法人员在本州执业

- EOC 应该不断地将人员和设备需求告知负责集结区的官员，以便他们能够将收到的援助分配给优先需要的人。除非他们不需要，否则就按照以下建议的顺序分配人员和资源。

——替班自风暴袭击以来一直在工作的值班人员，以便他们可以照顾自己的家庭和财产

——社区消防和紧急医疗服务需求

  ○ 分阶段撤离人员

    □ 三分之一的当地人员应始终留在街道上，以确保外部人员能够随时获得当地的信息

    □ 监督或向外部人员或大型团队指派联络人

    □ 本地和外部人员 12 小时轮班

——避难所的需要

——建立往返集结区的摆渡车服务

11.2.7　军事人员使用的行动建议

军事人员的基本用途包括：

- 现场消防和急救人员（EMS）的安全保卫，使当地执法人员得以抽身去执行其他工作的其他职责：

——使用武装力量保护消防和应急医疗服务，是对军事资源的充分利用。此外，他们还带来了通信系统，可以作为消防和 EMS 的补充。

- 当街道标志关闭时，军方可以识别道路，绘制街道编号和名称，并与当地公共工程/规划和发展团队合作。

- 军方可以在当地代表的陪同下使用空中力量进行快速空中损害评估。他们可以组建调查小组来评估影响，并进行逐个街区和挨家挨户的调查。

- 使用军事集中指挥来协助进行全面的损害评估：

——该信息收集中心收集的信息应该标在地图上，分发给执法部门、消防部门和 EMS 人员，作为新的应急响应实景图。

11.2.8 处置大范围损毁灾害的行动建议，消防站/警察分局使用

消防站是整个社区内部署的唯一战略性公共设施。（执法部门的分局也可以使用，但它们没有消防站所拥有的设施、厨房、发电机和医疗用品。）在失去电力供应的地区，他们很可能会有应急发电机和电力。灾害发生时，寻求帮助的人们会成群结队地来到这里。消防站作为分散的援助中心，必须为其分配额外的人员，以保证消防站内各项设施充分发挥作用。可以考虑使用互助组织，或者消防及执法部门以外的人员：

- 在消防站附近搭建帐篷。
- 禁止平民进入消防站。
- 通过当地执法部门最后是国民警卫队提供武装安全保障。
- 对轻伤提供医疗护理。
- 考虑将消防站作为某些供应品的分发点。
- 通过国民警卫队或救世军的协调，每天在消防站提供一顿热餐。
- 提供饮用水。
- 为房屋被毁、无处安顿的公民提供一天一次、必要时更频繁的公共汽车运输，将其送往已建立的避难所。

注：也可以使用执法部门的分局，但它们没有消防站应有的设施、厨房、发电机和医疗用品。

11.2.9 灾后优先处理危险品处置报警电话的行动建议

在飓风或其他类型的区域性事件（如地震）中，危险品处置的报警电话将会增加。为更加有效地处置此类事故，应预先确定此类报警的优先顺序。快速清除绝大多数危险品物质、限制不必要的报警求助电话的干扰以及充分利用现有资源都是很有必要的。

- 应指派一名具有危险品处置资格的成员到调度中心协助评估接到的报警电话。
- 考虑将管辖权划分为几个区块，并在每个区块内分配特定的危险品小组。
- 建立一个所有事件类型所需材料和设备的供应中心，以便团队能够快速、便捷地获得补给。

报警电话优先地位的建议标准包括：

（1）生命和安全第一

a. 考虑：

ⅰ. 毒性

ⅱ. 刺激物

ⅲ. 其他健康危害

b. 忽视：

ⅰ. 轻微外溢或泄漏

ⅱ. 不会立即威胁生命或在用建筑的重大外溢和泄漏

ⅲ. 可以通过转移人员而较容易实现隔离的那些轻微危及生命的外溢

c. 对外溢和泄漏进行优先排序：

ⅰ. 威胁生命或在用建筑中不稳定的反应性化学物质

ⅱ. 室内重大易燃、易爆物品泄漏或外溢

ⅲ. 危及生命或在用建筑的外部渗漏

ⅳ. 轻微的室内渗漏

（2）环境

a. 对水供应的威胁，包括地表和地下的

b. 可能会导致地表长期环境问题的威胁

11. 2. 10 灾后优先处理紧急医疗服务求助的行动建议

在事件期间，EMS 求助可能会激增，应该在事件发生之前为其制定一套确定优先顺序的策略。通过对报警电话进行优先排序，你能够最大限度地利用资源，并首先处理最关键的求助。

调度优先级建议：

a. 高级生命支持/危及生命的事件

b. 重大火灾或危及生命的事件

c. 有人员被困的建筑物或构筑物倒塌

d. 记录所有其他求助并在资源可用时予以处理

11. 2. 11 灾后遣散工作时间表的行动建议

所有紧急服务部门都应制定遣散工作的时间表。这些时间表将用于确定何时可以释放外部资源，以及何时可以开始正常的工作人员配备和轮班：

- 报警求助电话量已恢复到正常水平或常规工作人员配备可以处理的水平。
- 开放了足够的道路，以实现接近正常的响应时间，并可进入城市中的大多数地区。
- 受灾地区的搜索和救援工作已全部完成。
- 该地区所有医院现已恢复提供全面服务。
- 各部门的所有工作人员都得到了足够的休息时间，以便确认家属是否安全，并在需要时临时安排住处。

11.3 预先编写新闻稿的建议

某些类型的新闻稿可以在事件发生之前预先编写。一旦灾害发生时，这些新闻稿可以随时准备好并使用。但这绝不是说所有的新闻稿都可以预先编写脚本，应该促使不同的司法主体制定符合其自身需求的脚本清单。

11.3.1 外部机构通知的样本

通知［美国联邦调查局（FBI），美国疾病控制与预防中心（CDC），美国烟酒、火器与爆炸物管理局（ATF），海岸警卫队，美国环境保护署（EPA），美国联邦航空管理局（FAA），美国联邦应急管理署（FEMA），国民警卫队，州警察局，州EOC］

这是_____。请注意，我们刚刚经历了一次_____（爆炸、危险品泄漏、可能发生的恐怖事件、疑似天花、炭疽病例、建筑物倒塌、正在进行的人员疏散、正在构建的避难场所、大规模伤亡事件）

我们要求你_____（作出回应，待命我们直到有更多的信息，关闭空域，关闭水道，请求国民警卫队支援）。

11.3.2 新闻稿样本——进入紧急状态

这是_____的_____ _____应急救援行动中心。在_____今天（适当的民选官员）宣布进入紧急状态。宣布进入紧急状态是为了使我们这座城市能够获得处理这一紧急情况所需的外部援助。通过这样做，（适当的民选官员）将能够在未来数天或数周内请求州长和联邦政府的援助。目前尚不清楚这一通知需要多久才能实施，但（适当的民选官员）向每一位＿＿＿＿＿＿＿＿＿公民保证，这一通知只有在紧急情况得到控制后，才会得到实施。

11.3.3 新闻稿样本——宵禁

鉴于，＿＿＿＿＿＿＿＿＿县/市经历过一次＿＿＿＿＿＿＿＿＿（事件类型），导致我们的社区经受（大范围的灾害，死亡和受伤）。

由于对县/市居民的（电力、水、公用事业）服务已经中断；和

出于公众利益和社区安全考虑，在事件的后果稳定下来之前，对街道的使用进行合理的限制；和

为了保护、维持和促进社区及其公民的健康、福祉和安全，有必要实行宵禁，在紧急情况期间限制县/市街道的使用。

因此，为促进公众健康、安全和福祉，我＿＿＿＿＿＿＿＿＿和＿＿＿＿＿＿＿＿＿首席执行官特此宣布进入紧急状态，而且进一步声明和要求，出于人身和财产的安全考虑，该县/市的街道禁止普通车辆和公众通行，时间是从＿＿＿＿＿＿＿到＿＿＿＿＿＿＿

11.3.4 新闻稿样本——隔离

鉴于，＿＿＿＿＿＿＿＿＿县/市经历了一次＿＿＿＿＿＿＿＿＿暴发，导致一些死亡和疾病。

考虑到公共接触可能导致未受感染人员的健康权益受到危害。

出于公共利益和社区安全考虑，应合理限制公众接触，直至疫情得到控制，公众接触没有再次传染的风险；和

为了保护、维护和促进社区及其公民的健康、福祉和安全，有必要建立隔离区，在紧急情况期间限制进出指定地区。

因此，为促进公众健康、安全和福祉，我＿＿＿＿＿＿＿＿＿县/市的（适当的民选官员）＿＿＿＿＿＿＿＿＿特此宣布进入紧急状态，并进一步宣布和要求，为保障＿＿＿＿＿＿＿和州内的人员安全，所有道路进出以＿＿＿＿＿＿＿和＿＿＿＿＿＿＿，＿＿＿＿＿＿＿和＿＿＿＿＿＿＿，＿＿＿＿＿＿＿和＿＿＿＿＿＿＿为界的区域，

禁止所有交通方式通行，包括车辆、步行、铁路或航空，开放时间另行通知。

11.3.5 新闻稿样本——公众集会

这是＿＿＿＿＿＿＿的＿＿＿＿＿＿＿应急救援行动中心。在＿＿＿＿＿＿＿今天（适当的民选官员）经与州政府和疾控中心协商，禁止所有公共集会，并暂停所有商业活动。鉴于＿＿＿＿＿＿＿暴发，以及在＿＿＿＿＿＿＿公民中的传播。（官方合适人选）采取这一措施是为了阻止这种可怕疾病的传播。市长和市议会理解此举将对社区产生的影响，不会轻率地采取这一措施，但这是阻止疾病传播的绝对必要的步骤。

任何违反这一禁令的人将被逮捕并隔离，直到确定他们是否接触过＿＿＿＿＿＿＿。（官方合适人选）会敦促每个人遵守这一禁令。这是阻止这一可怕流行病的唯一方法。这只是临时措施，将尽快解除。

11.3.6 新闻稿样本——检疫

这是＿＿＿＿＿＿＿的＿＿＿＿＿＿＿应急救援行动中心。在＿＿＿＿＿＿＿。今天（适当的民选官员）已经下令＿＿＿＿＿＿＿县/市实施检疫隔离。这里发生的＿＿＿＿＿＿＿疫情不能扩散到州内的其他市、县。为了遏制＿＿＿＿＿＿＿病例的激增，（适当的民选官员）与州长和疾病控制中心密切协商，采取了这一措施。

任何人不得乘坐任何交通工具进出县/市。进出县/市的道路将被封锁。县/市内外禁止公共汽车通行。机场立即关闭。在疫情得到控制之前，将会一直持续检疫隔离，（适当的民选官员）将敦促每个公民保持冷静，并在未来几天密切关注媒体的最新消息。

11.3.7 新闻稿样本——飓风，风暴前指令

飓风＿＿＿＿＿＿＿是一个＿＿＿＿＿＿＿类别，飓风风速达到＿＿＿＿＿＿＿英里每小时，风暴激增＿＿＿＿＿＿＿。

如果你生活在以下疏散区＿＿＿＿＿＿＿，＿＿＿＿＿＿＿，＿＿＿＿＿＿＿，那么请你撤离。请查阅当地报纸、我们的网页或当地

媒体，了解疏散路线和这些路线的交通状况。

以下地区已下达自愿撤离令，并敦促居住在这些地区的所有人撤离。飓风＿＿＿＿＿＿＿＿＿＿是一种危险的风暴。

请查阅当地报纸或我们的＿＿＿＿＿＿＿＿＿飓风网站上的飓风指南。在我们的 Twitter 网站＿＿＿＿＿＿＿＿＿上注册，以获得应急管理部门的飓风更新消息。

＿＿＿＿＿＿＿＿＿应急管理办公室有如下建议：

① 准备至少 7 天的不易腐坏的食物。

② 准备至少喝 7 天的水，至少每人每天 2 加仑。

③ 准备一个使用电池的便携式收音机。

④ 准备一个带备用电池的手电筒。

⑤ 收集所有的药物，即使你去避难所的时候也要始终随身携带。

⑥ 随身携带急救箱。

⑦ 如果你决定不撤离，搬到房子的内部区域，最好是内部浴室。

⑧ 确保你的车加满油。

为获得更新消息，请持续收听电台＿＿＿＿＿＿＿＿＿频道的紧急广播系统。

11.3.8 新闻稿样本——飓风登陆后

飓风＿＿＿＿＿＿＿＿＿不久之前在这个地区登陆。

消防、执法和紧急医疗服务人员配备齐全并保持工作状态。

为了确保公共安全，消防和 EMS 官员要求您遵循以下指示：

① 持续收听或收看你能找到的任何仍在广播的电台或电视台。

② 在接到警方、消防或社区应急管理部门的明确完整的安全通知前，不要外出。

③ 72 小时内不要饮用没有煮沸的水龙头里的水，或者在得到官方告知饮水安全后才可以饮用。

④ 在任何情况下，都不要触碰任何落地或悬挂的电线，不论是在地面上、悬挂着的还是缠绕在物体上的。都不要碰它。

⑤ 不要因个别中断问题给电力或电话服务部门打电话。

⑥ 不要拨打 911 查询风暴信息，而是拨打飓风热线＿＿＿＿＿＿＿获取信息。只有在有生命危险的紧急情况下拨打 911。

请保持冷静。当地、州和联邦应急队伍已经在路上了。

11.3.9　附加新闻稿

如果你的管理辖区受到风暴的直接袭击，可以考虑使用的飓风术语

如果你或你的家人、邻居需要紧急医疗援助，可以前往任意避难所。如果你需要帮助将罹难者从废墟中移走，或抢救受伤人员，那就到最近的主要十字路口。因为警察和消防部门正在尽快赶往这些地点。

要注意暴风雨过后会出现的很多不同寻常的危险，比如化学品从储存容器中泄漏，电线杆倾倒，水管破裂，或下水道井盖丢失。远离这些危险，并向你看到的任何警察、消防员或其他市/县工作人员报告。

给便携式发电机和动力锯之类的小型工具加油时要小心。一定要让发动机冷却后再加汽油。如果未经冷却，灼热的发动机消音器可能点燃汽油。

如果你因为房屋受损而转移去紧急避难所，一定要带上药品、洗漱用品、不易腐烂的食物、枕头、毯子和其他让你感到舒适的物品。带上足够的用品，能够让你在 72 小时内保持舒适。

公共安全官员和其他市/县的车辆将在街道上做损害评估，清理道路和其他维修工作，如果你需要帮助，挥动毛巾或其他衣物向他们发信号。

如果您需要警察、消防或紧急医疗援助，请拨打 911 或 _____，如果 911 线路故障或占线。

11.4　事件信息跟踪表单的样本

以下这些表单列举了需要获取的信息类型和可用的格式类型。

应急救援行动中心

事件行动计划

00/00/00

注明行动计划制定的日期

运行时间：**0000 小时～0000 小时**

新的操作目标
1
2
3

主要功能区域
1
2
3

连续操作目标	完成百分比	所需的资源

完成的目标

事件状态报告

事件信息的基本要素

本报告应尽可能经常更新

日期		时间	

信息要素	响应
当地发表声明	日期 ＿＿＿＿＿＿＿＿＿ 时间 ＿＿＿＿＿＿＿＿
公众保护措施	日期 ＿＿＿＿＿＿＿＿＿ 时间 ＿＿＿＿＿＿＿＿
·疏散	
·就地避难	
·隔离	
·检疫	
·影响的区域	
·估计♯影响	
避难所(大规模护理)	
·开放的避难所数量	
·开放的特殊需求避难所数量	
·避难所收容的总人数	
·避难所总收容能力	
·避难所的名称和现有人数	避难所的名称　　　　　人数 ＿＿＿＿＿＿　＿＿＿＿＿ ＿＿＿＿＿＿　＿＿＿＿＿ ＿＿＿＿＿＿　＿＿＿＿＿
·特殊需求的避难所名称和现有人数	避难所的名称　　　　　人数 ＿＿＿＿＿＿　＿＿＿＿＿ ＿＿＿＿＿＿　＿＿＿＿＿ ＿＿＿＿＿＿　＿＿＿＿＿
取消的公众保护行动	日期＿＿＿＿＿＿＿＿ 时间 ＿＿＿＿＿＿＿＿
受害者	受伤＿＿＿＿＿＿ 死亡 ＿＿＿＿＿＿
·案例	情况　　　新发病例　　死亡 ＿＿＿＿＿　＿＿＿＿＿＿＿

医疗设施			
・医院	设施 ——— ——— ———	床位 ——— ——— ———	可用的床位 ——— ——— ———
・医院关闭	日期 ——— ———	设施 ——— ———	
・疗养院关闭	日期 ——— ———	设施 ——— ———	
特殊的医疗设施			
・疫苗接种中心	设施名称 ——— ———	接种疫苗的数量 ——— ———	
・开放的 C 类设施和现有人数	设施名称 ——— ———	人数 ——— ———	
・开放的 X 类设施和现有人数	设施名称 ——— ———	人数 ——— ———	
学校			
・关闭的公立学校	日期 ——— ———	设施 ——— ———	
・关闭的私立学校	日期 ——— ———	设施 ——— ———	
分配地点			
・医疗物资	日期 ——— ———	设施 ——— ———	
・货物	日期 ——— ———	设施 ——— ———	

紧急支持职能（ESF）换班简报

事件名称		日期	
事故指挥官		位置（急救，消防等）	

事故类型		位置	
目前已知的伤害/案例		目前死亡人数	

资源

单位分配	单位提供	单位康复

分配的互助单位	可用的互助组	康复中心的互助单位

情况

已采取和完成的行动
持续的动作
当前的资源需求
当前的供给需求

情况报告

日期＿＿＿＿＿＿＿＿　时间＿＿＿＿＿＿＿＿

运输

（如前列所示的功能区域）

重大事件/问题

单位状态

可用	承诺

互助组

可用	承诺

流行病/生物恐怖主义事件现况报告

日期＿＿＿＿＿＿＿＿＿　　　时间＿＿＿＿＿＿＿＿＿＿＿

EOC事件信息要素

信息要素	响应
当地发表声明	日期＿＿＿＿＿＿＿＿时间＿＿＿＿＿＿＿ 日期＿＿＿＿＿＿＿＿时间＿＿＿＿＿＿＿
公众保护措施	
·疏散	
·就地避难	
·隔离	
·检疫	
·影响的区域	
·估计#影响	
避难所（大规模护理）	
·开放的避难所数量	
·开放的特殊需要的避难所	
·收容所的总人数	
·总体保护能力	
·避难所的名称和现有人数	避难所的名称　　　　　人数 ＿＿＿＿＿＿＿＿　＿＿＿＿＿＿ ＿＿＿＿＿＿＿＿　＿＿＿＿＿＿ ＿＿＿＿＿＿＿＿　＿＿＿＿＿＿
·特殊需要的避难所名称和现有人数	避难所的名称　　　　　人数 ＿＿＿＿＿＿＿＿　＿＿＿＿＿＿ ＿＿＿＿＿＿＿＿　＿＿＿＿＿＿ ＿＿＿＿＿＿＿＿　＿＿＿＿＿＿
取消的公众防护行动	日期＿＿＿＿＿＿＿＿时间＿＿＿＿＿＿＿
受害者	受伤＿＿＿＿＿＿＿死亡＿＿＿＿＿＿＿
·情况	情况　　　新发病例　　　死亡 ＿＿＿＿＿　＿＿＿＿＿＿　＿＿＿＿＿＿

医疗设施			
・医院	设施 _____ _____ _____	床位 _____ _____ _____	可用的床位 _____ _____ _____
・医院关闭	日期 _____ _____	设施 _____ _____	
・疗养院关闭	日期 _____ _____	设施 _____ _____	
特殊的医疗设施			
・疫苗接种中心	设施名称 _____ _____	接种疫苗的数量 _____ _____	
・开放的 C 类设施和现有人数	设施名称 _____ _____	人数 _____ _____	
・开放的 X 型设施和现有人数	设施名称 _____ _____	人数 _____ _____	
学校			
・关闭的公立学校	日期 _____ _____	设施 _____ _____	
・关闭的私立学校	日期 _____ _____	设施 _____ _____	
配送点			
・医疗产品	日期 _____ _____	设施 _____ _____	
・货物	日期 _____ _____	设施 _____ _____	

11.5 应急救援行动中心请求和通知格式

以下格式列举了地方性 EOC 在事件发生时可能会发出的请求和通知的类型。其中还包括这些请求或通知的细节要求。

致_____（医院，法医）

受污染遗体的通知

有一个_____（恐怖分子、危险材料、化学品、生物的、放射性的）事件，事件涉及_____（炭疽、天花、鼠疫、塔崩、氰化物、沙林、芥子气、放射性），导致_____（1，2，3…）死亡。这一事件发生大约_____个小时。他们的死亡原因是_____（爆炸、危险品、化学、生物、暴露于辐射）。遗体将_____（需要，不需要）解剖。能够在犯罪现场工作且使用_____（A、B、C 级）防护的医务人员才能转移尸体。

致_____（医院，法医）

受沾染病人的通知

有一起_____（恐怖分子、危险品、化学品、生物的、放射性的）事件导致_____（1，2，3…）死亡和_____（1，2，3…）受伤。这一事件发生在_____大约_____个小时。事件涉及_____（炭疽、天花、鼠疫、塔崩、氰化物、沙林、芥子气、放射性）。预计会有大量受伤，可能会受到感染。建议你们的医疗设施采取适当措施处置患者。

请求援助

需要援助的事件_____

    （恐怖分子、危险品、化学的、生物的、放射性的、爆炸的）

所需的援助类型_____

    （应使用的格式见下文）

所需的资源类型_____

    （应使用的格式见下文）

需要的资源日期_____和时间_____。

集结区域位置_____

资源投放的大概日期_____和时间_____

国家公共事业互助资源申请表

废墟（残骸）清理工作队

1　配备监督和 2 名工作人员的客车

1　带领班的双排座皮卡

1　配备操作人员的前端装载机

1　配备操作人员的挖掘装载机

1　5 辆 CY 自卸卡车和操作人员

6　8 辆 CY 自卸卡车和操作人员

1　配备机修工的服务/维修卡车

2　配备 2 名驾驶员的低平板半挂车

6　链锯和 4 名操作人员

2　削片机和 2 名操作人员

所需工作队的数量＿＿＿＿＿＿＿＿＿

所需工作日期：从＿＿＿＿＿＿＿＿＿到＿＿＿＿＿＿＿＿＿

额外的可用资源

需要的数量：

＿＿＿＿＿＿＿＿＿自给自足的房车

＿＿＿＿＿＿＿＿＿便携式发电机

＿＿＿＿＿＿＿＿＿有泵吸能力的燃料运输车

＿＿＿＿＿＿＿＿＿材料存储单元

需要日期：从＿＿＿＿＿＿＿＿＿到＿＿＿＿＿＿＿＿＿。

国家消防互助资源申请表

第一类　消防突击队

　　能力要求：对灭火行动进行动态响应或支援当地消防部门。

　　5　1类消防车，每辆消防车由一名队长、一名司机和两名消防员组成

　　1　突击队队长和指挥车

所有部门保持良好的沟通。

所需的突击队数量：＿＿＿＿＿＿＿＿

需要日期：从＿＿＿＿＿＿＿＿＿＿＿＿到＿＿＿＿＿＿＿＿＿＿＿＿＿。

第二类　消防/救援工作队

　　能力要求：对灭火行动的动态响应，对受害者的治疗和分类，实施搜索和救援工作并支援当地的消防部门。

　　5　1类消防车、救援队或空中部门的任意组合

　　1　工作队队长和指挥车

　　所有部门保持良好的沟通。

所需的工作队数量：＿＿＿＿＿＿＿＿

需要日期：从＿＿＿＿＿＿＿＿＿＿＿＿到＿＿＿＿＿＿＿＿＿＿＿。

第三类　消防/救援专业响应工作队

　　能力要求：对需要器材、设备和专门人才参与处置的事故类型和大规模事件进行动态响应，这些事故类型包括化学的、放射性的、危险品的、爆炸、飞机坠毁、火车脱轨、建筑物倒塌、受限空间、城市搜索和救援行动。

　　2　专业救援队伍，每组5～7名接受过专门训练的成员

　　3　专业响应车辆，携带处理特定事件所需专门设备

　　1　专业救援队长和指挥车

　　所有部门保持良好的沟通。

突击队或工作队的类型：＿＿＿＿＿＿＿＿＿＿＿＿＿＿＿＿＿＿＿＿＿

所需工作队的数目和类型：＿＿＿＿＿＿＿＿＿＿＿＿＿＿＿＿＿＿＿＿

需要日期：从＿＿＿＿＿＿＿＿＿＿＿＿到＿＿＿＿＿＿＿＿＿＿＿

国家紧急医疗服务/健康和医疗资源申请表

第一类　医疗支援突击队：

能力要求：对造成多人伤亡或疏散做出动态响应。

5　高级生命支持（ALS）救护车及配置人员，每辆救护车至少配备
1名急救人员/司机、1名护理人员。

所需突击队数量：_____

所需日期：从_____到_____

第二类　空中医疗响应和运输部门

能力要求：提供直升机动态响应，治疗和运送需要院前医疗服务的
伤者。

1　配备有医护人员和1名飞行护士的 ALS 认证空中救护车

所需空中医疗响应和运输部门数量：_____

所需日期：从_____到_____

第三类　灾害社区健康援助工作队

能力要求：挨家挨户地向受害者提供援助，报告健康状况，提供现场
治疗和转诊服务，协调提供更高水平的医疗护理，提供安慰。

1　具有现场工作经验的注册护士（RN）或公共卫生护士

1　环境健康专家

1　具有危机事件应激晤谈（CISD）经验或接受过此类培训的社工

1　安全员

所需 EMS/健康和医疗团队的类型：_____　_____　_____

所需的各类灾害社区卫生援助工作队数量：_____　_____　_____

所需日期：从_____到_____

国家执法部门特别响应申请表

第一类 执法特别响应团队

能力要求：对需要额外执法资源的紧张情形做出快速反应，如人质解救、抓捕负隅顽抗的嫌犯，或其他需要特殊武器和战术的事件。

1 车辆/监督

1 厢式货车

8 官员

第二类 执法特别响应团队

能力要求：一般执法任务，如交通控制、巡回和定点安全工作、人群管控和响应服务请求。

1 车辆/监督

4 带有标记的车辆，每辆车有 2 名官员。

需要的团队类型_____ _____

所需各类执法特别响应团队的数量：_____ _____

所需日期：从_____到_____

11.6 事故指挥现场行动工作表的建议

以下现场行动工作表适用于事故指挥官在多种不同类型事故现场指挥时使用。这些表格主要在现场工作中使用，不能替代 ICS 官方表格。

事故指挥官

战术工作表

安全	重大事件	临时工作点
·穿戴个人防护装备 ·警惕危险品 ·对次要设备保持警惕	事件　　时间　　　FA	·执法临时工作点 ·消防临时工作点 ·紧急医疗服务临时工作点 ·危化品临时工作点 ·联合的临时工作点 ·媒体临时工作点 ·互助临时工作点
通知	危险品控制措施	现场控制
·应急救援行动中心(EOC) ·州 ·美国联邦航空局(FAA) ·海岸警卫队 ·美国环境保护署(EPA) ·医院 ·死者管理 ·美国烟酒、火器与爆炸物管理局(ATF) ·美国联邦调查局(FBI) ·拆弹小组 ·州警察	化学的 ＿＿＿＿＿＿＿＿＿ 最初的隔离区 保护行动区 热区 温区 冷区 净化 总值净化 技术净化 净化走廊	·安全边界 ·入口走廊 ·出口走廊
公众保护行动	受害者	EMS 操作
·疏散 ·避难所	死亡　　ALS　　　BLS	·伤检分类 ·治疗 ·运输
单位分配		
执法部门	火灾　　危险化学品处置	EMS

危险品事故指挥员工作表

建筑和单元布置草图

危险品决策

	检测危险品是否存在
	未经干预,估计可能的危害
	选择响应选项
	确定行动方案
	做最好的选择
	评估进展
	随着操作进度,重复执行 3～6

分配角色

操作	危险品	紧急医疗服务	消防	执法	公共信息

天气信息

风速	风向	湿度	温度
英里/时	CP/分段逆风	对羽流影响	对羽流的影响

操作注意事项

建立指挥所	上风方向,进入受限
选择集结待命区域	上风方向,出入受限,进出方便
适当的防护服	确定突发事件所必需的适当的防护服装。普通燃料舱装备,一次性防护服,全封装
救助策略	如果有受害者,确定救援策略(用胶带绑住并使用掩体装备、一次性防护服或全封装进入)
侦察团队	防护服,自给式呼吸器(SCBA),检查四周
建立所需的区域	热-温-冷,安全边界,标记区域,限制进入,与执法部门合作,以消除徒步、公路、水域或空中交通的侵扰
前方观察员岗位	如果事故十分严重,应迎风行驶,能见度好
考虑疏散/避难所就位	参考应急响应指南,了解初始疏散和产品特性。确定最佳的疏散策略或避难所
公共信息注意事项	通过 PIO、媒体、紧急报警系统(EAS)传达疏散/避难所的决定
大规模伤亡	建立有足够进出通道的分诊、治疗和运输区域
清除有害物质	为发生的技术污染或严重污染制定去污策略

规划考虑	·救援处理 ·径流处理 ·足够的蒸气测试人员 ·人员充足 ·水供应充足 ·设备安全 ·羽流区处理

外部资源考虑因素

互助的需求	私营危险废物处理公司	公共工作
吸附剂的需求	人力资源	交通(公共汽车/校车)
铁路的通知	风险管理	水务部门
拆弹小组	法务部门	人员救援
化学品运输紧急应变中心	媒体(电视、广播、印刷品)	纵火案调查
海岸警卫队	法医	
美国环境保护署(EPA)	执法部门	
电力公司	美国联邦调查局(FBI)	
天然气公司	美国烟酒、火器与爆炸物管理局(ATF)	
卫生部门	救援和康复	
医院	救世军	
重型设备	红十字会	

火灾扑救指挥官

战术工作表

地址＿＿＿＿＿＿＿＿＿＿＿＿＿＿＿＿＿

建筑和单元布置草图

安全	重大事件	举办单位
·穿戴个人防护装备 ·警惕危险品	事件 时间	
通知	天气	各单位进入互助阶段
应急救援行动中心（EOC） 美国联邦航空局（FAA） 美国联邦调查局（FBI） 拆弹小组 州警察	时间＿＿＿＿＿＿＿ 风向＿＿＿＿＿＿＿ 速度＿＿＿＿＿＿＿	

单元的作业

分配消防单位	EMS	有害物质
单位时间	单位时间	单位时间

紧急医疗服务事件指挥官

战术工作表

安全	重大事件	举办单位
· 穿戴个人防护装备 · 警惕危险品	事件 时间	
通知	受害者数量	各单位进入互助阶段
· EOC 医院 · 大量伤亡 · 受污染的遗体	死亡　　　ALS　　　BLS	

单元的作业

伤检分类	治疗	运输
单位	单位	单位

病人运送	医院＿＿＿＿＿＿＿＿	医院＿＿＿＿＿＿＿＿

事件执法指挥官

战术工作表

战术绘图

安全	重大事件	单位举办
・穿戴个人防护装备 ・警惕危险品	事件 时间	
通知	笔记	各单位进入互助阶段
・EOC ・ATF ・FBI ・拆弹小组 ・州警察		

单元的作业

安全边界	设施安全	疏散
交叉单位	设施 单位	单位

联邦应急管理局
术语表

A

Action Plan 行动计划：参见事件行动计划。

Agency 服务机构：服务机构是具有特定职能的政府部门，或提供特定援助的非政府组织（如私人承包商、企业等）。在 ICS 中，服务机构被定义为管辖（对减轻事故负有法定责任）或协助和/或合作（提供资源和/或援助）。（见协助代理、合作代理、管辖代理、多代理事件）

Agency Administrator or Executive 机构管理人员或主管领导：对该事件负有责任的机构或主管社区的首席执行官（或指定人员）。

Agency Dispatch 代理派遣：代理机构或管辖机构分配事件所需资源。

Agency Representative 服务机构代表：由协助或合作机构派往负责某一事件的个人，他被授权就影响该机构参与该事件的事项作出决定。各机构代表向事故联络官报告。

Air Operations Branch Director 空中行动部门主管：主要负责准备和实施事故行动计划中空中行动部分的人。他还负责为处理该事件的直升机提供后勤支持。

Allocated Resources 已分配资源：已分配给某一事故的所需资源。

All-Risk 全风险：所有自然或人为造成的，需要采取行动保护生命、财产、环境、公共健康和安全，并最大限度地减少对政府、社会和经济活动破坏的事故或事件的发生。

Area Command（Unified Area Command）区域指挥（统一区域指挥）：建立以下组织：①监督 ICS 组织处理的多个事件的管理，或②监督多个事件管理小组被分配的大型或多个事件的管理。总区指挥官负责制定整体策略和优先次序，按优先次序分配关键资源，确保妥善处理意外事件，并确保达到目标和遵循策略。当事件涉及多个司法管辖区时，区域指挥变成统一区域指挥。区域指挥可在应急行动中心设施或事故指挥站以外的其他地点设立。

Assigned Resources 分配的资源：资源签入和分配的工作任务的事件。

Assignments 任务分配：根据事件行动计划中的战术目标，在给定的行动期间内分配给资源执行的任务。

Assistant 助理：指挥参谋部职务下属的头衔。职位表明了从属于初级职位的技术能力、资格和责任水平。

Assisting Agency 协助机构：向直接负责事件管理的机构提供人员、

服务或其他资源的机构或组织。

Available Resources 可用资源：分配给事件的资源，签入并可用于任务分配，通常位于集结区。

B

Base 基地：在事件处置过程中主要负责协调和管理后勤事务的地点。每个事件只有一个基地。（事件名称或其他标识将被添加到术语 Base 中。）事故指挥所可与基地部署在一起。

Branch 分支：负责运营或物流主要职能部门或地域责任的组织层次。分支通过使用罗马数字或功能名称（例如，医疗、安全等）来标识。

C

Cache 储存区：预先确定的工具、设备和/或物资的补充要储存的指定位置，以备突发事件时使用。

Camp 营地：一般事故区内的地理位置与事故基地不同，配备有设备和人员，并为事故人员提供休息的地方、食物、水和卫生服务。

Chain of Command 指挥链：按权力大小排列的一系列管理职位。

Check-In 签入：首先报告收到资源的过程。签入地点包括：事件指挥所（资源单位）、事件基地、营地、集结区、直升机基地、直升机停机坪和部门主管（用于直达任务）。

Chief 主管：ICS 中职能部门负责人的头衔，运营、规划、物流和财务/管理。

Clear Text 明文：在无线电通信传输中使用的简明英语。

Command 指挥：通过明确的法律、代理或授权来指挥和/或控制资源的行为。也可以指事件指挥官。

Command Post 指挥部：参见事件指挥所（ICP）。

Command Staff 指挥人员：指挥人员由公共信息官、安全官和联络官组成。他们直接向事件指挥官报告。根据需要，他们可能有一个或多个助理。

Communication Unit 通信股：后勤科的一个组织单位，负责在发生事故时提供通信服务。通信单元也可以是用于提供事故通信中心主要部分的设施（如拖车或移动货车）。

Compacts 契约：各机构之间为获得相互援助而达成的正式工作协议。

Compensation/Claims Unit 赔偿/索赔股：财务/行政科内的职司股，负责因事故造成财产损失、伤亡而引起的财务问题。

Complex 复杂事件：位于同一一般区域的两个或多个单独事件，被分配给单个事件指挥官或统一指挥部。

Cooperating Agency 合作机构：为事件管理工作提供援助的机构，而不是直接的业务或支持职能或资源。

Coodination 协调：系统地分析情况，组织有关资料，并向相应的指挥当局通报可行的替代办法，以便选择最有效地结合现有资源以达到具体目标的过程。协调过程（可以是机构内部的，也可以是机构间的）不涉及分派。但是，负责协调的人员可以在特定机构、代表团、程序、法律权限等规定的范围内进行指挥或履行派遣职能。

Coordination Center 协调中心：用于协调机构或司法资源以支持一个或多个事件的设施。

Cost Sharing Agreements 成本分担协议：机构或司法管辖区之间分担与事件相关的指定成本协议。费用分担协议通常是书面的，但也可以是在事故发生时由授权的机构或管辖代表口头达成的。

Cost Unit 成本股：财务/行政科内的业务股，负责跟踪成本、分析成本数据、作出成本估计和建议成本节约的措施。

Crew 工作人员：参见 Single Resource 单一资源。

D

Delegation of Authority 授权：执行机构向事件指挥官提供授权和分配责任的声明。权力下放可以包括目标、优先次序、期望、限制和其他需要考虑的事项或准则。许多机构需要书面形式。在事件指挥官指挥较大事件之前，应将权力下放给事件指挥官。

Demobilization Unit 复员股：规划科内的职能股，负责确保事件资源有秩序、安全和有效地复员。

Deputy 代理人：在没有上级的情况下，完全具备资质可被授权管理一项业务或执行一项具体任务的个人。在某些情况下，代理人可以作为上级的替补，因此必须完全胜任该职位。代理人可以指派给事件指挥官、总参谋部和分支主任。

Director 主管：对分支机构负责监督的个人 ICS 头衔。

Dispatch 调度：将一个或多个资源从一个地方移动到另一个地方的决策执行。

Dispatch Center 调度中心：对某一事件调度、动员和分配资源的设施。

Division 分区：分区用于将事件划分为行动的地理区域。ICS 组织中有一个分部，位于分支机构和特遣部队/突击队之间。（参见 Group 分组）在水平应用中，分区由字母字符标识，在建筑物中使用时，通常由楼层编号标识。

Documentation Unit 文件股：规划科内的职能股，负责收集、记录和保护与事故有关的所有文件。

E

Emergency 突发事件：在总统没有宣布的紧急情况下，需要采取响应行动以保护生命或财产的人为或自然事件。根据《罗伯特·T·斯塔福德灾害救济和紧急援助法》，紧急情况是指根据总统的规定，需要联邦援助以补充州和地方拯救生命和保护财产、公共健康和安全的努力和能力的任何场合或情况。或者是减少或避免美国任何地方发生灾害的威胁。

Emergency Management Coordinator/Director 紧急情况管理协调员/主任：每个行政分支机构内对司法紧急情况管理负有协调责任的个人。

Emergency Operation Centers 应急救援行动中心（EOC）：通常进行信息和资源协调以支持国内事件管理活动的实际地点。EOC 可能是一个临时设施，也可能位于一个更中央或永久建立的设施，也许是在一个司法管辖区的一个更高级别的组织。EOC 可按主要职能学科（如消防、执法和医疗服务）、管辖区（如联邦、州、区域、县、市、部落）或两者的某种组合组织。

Emergency Operations Plan 应急行动计划（EOP）：每个管辖区拥有并维持的应对适当危险的计划。

Event 活动：有计划的、非紧急的行动。ICS 可用于各种活动的管理系统，如游行、音乐会或体育赛事。

F

Facilities Unit 设施股：后勤科支助处内为事故提供固定设施的职能股。这些设施可能包括事件基地、餐饮区、睡眠区、卫生设施等。

Federal 联邦的：属于或关于美国联邦政府的。

Field Operations Guide 外勤行动指南：一本袖珍手册，介绍事故指挥系统的应用。

Finance/Administration Section 财务/行政科：该科负责所有事故费用和财务相关问题。包括时间单位、采购单位、赔偿/索赔单位和成本单位。

Food Unit 餐饮股：后勤科服务科内负责为事故人员提供膳食的职能股。

Function 职能：职能指的是 ICS 的五项主要活动：指挥、行动、计划、后勤和财务/行政。术语功能也用于描述所涉及的活动，例如，计划功能。如有需要，可设立第六项职能，即情报部门，以满足事故管理的需要。

G

General Staff 总参谋部：按职能安排的一组事故管理人员，向事故指挥官报告。

一般参谋部通常由业务科科长、规划科科长、后勤科科长和财务/行政科科长组成。

Ground Support Unit 地面支助股：后勤科支助处内的职能股，负责车辆的加油、保养和修理以及人员和用品的运输。

Group 分组：建立分组，将事件划分为不同的操作功能区域。组是由资源组合而成，以执行一项特殊的功能，而不一定是在单一的地理分区内。（参见 Division 分区）组位于分支（激活时）和操作部分的资源之间。

H

Hazard 危险：有潜在危险或有害的事物，通常是造成不想要的结果的根本原因。

Helibase 直升机基地：停泊、加油、维修和装载直升机的主要地点，以支持事故的响应。它通常位于事故基地或附近。

Helispot 直升机停机坪：直升机可以安全起飞和降落的指定地点。有些直升机停机坪可用于装载物资、设备或人员。

Hierarchy of Command 命令层次：参见 Chain of Command 指挥链。

I

Incident 事件：自然或人为造成的需要紧急响应以保护生命或财产的

事件。例如，事件可能包括重大灾害、紧急情况、恐怖袭击、恐怖威胁、荒野和城市火灾、洪水、危险品泄漏、核事故、飞机事故、地震、飓风、龙卷风、热带风暴、与战争有关的灾害、公共卫生和医疗紧急情况，以及其他需要紧急响应的事件。

Incident Action Plan 突发事件行动计划（IAP）：一份口头或书面计划，包含反映突发事件管理总体战略的一般目标。它可以包括确定业务资源和任务。它还可以包括为一个或多个操作期间的事故管理提供指导和重要信息的附件。

Incident Base 事故基地：事故发生时协调和管理主要后勤职能的地点。事故指挥所可与基地部署在一起。每个事件只有一个基地。

Incident Commander 事件指挥官（IC）：负责所有事件行动的个人，包括战略和战术的发展、命令和资源的发放。事故调查处拥有进行事故行动的全面权力和责任，并负责管理事故现场的所有行动。

Incident Command Post 事件指挥所（ICP）：执行主要战术级别现场事故指挥功能的现场位置。ICP可与事故基地或其他事故设施配置，并通常由绿色旋转灯或闪烁灯识别。

Incident Command System 事故指挥系统（ICS）：一种标准化的现场应急管理结构，专门用于采用一个集成的组织结构，反映单一或多个事件的复杂性和需求，而不受管辖边界的阻碍。ICS是在一个共同的组织结构中运行的设施、设备、人员、程序和通信的组合，目的是在事件期间帮助管理资源。它适用于各种突发事件，适用于大小复杂的事件。公共和私营的各个司法管辖区和职能机构都使用ICS来组织现场并管理事件。

Incident Communications Center 事故通信中心：通信单位和消息中心的位置。

Incident Complex 事件复杂性：参见Complex复杂性。

Incident Management Team 事故管理小组（IMT）：事故指挥官和分配来的适当的指挥参谋人员。

Incident Objectives 事件目标：为选择适当的战略和资源的战术提供所必需的指导和方向。事件目标是对于所能完成任务的现实预期，这是基于所有分配的资源都能够得到有效部署。突发事件目标必须是可实现和可衡量的，但要足够灵活，允许选择战略和战术。

Incident of National Significance 国家重大事件：根据 HSPD-5（第 4 段）中确定的标准，需要联邦、州、地方、部落、非政府和/或私营部门实体采取并协调有效的应对措施以拯救生命和减少损失的实际或潜在的高影响事件，并为长期的社区恢复和缓解活动提供基础。（来源：国家应对计划）

Incident Types 事件类型：事件根据复杂性分为五种类型。第 5 类事件最不复杂，而第 1 类事件最复杂。

Incident Support Organization 事件支持组织：包括对事件提供的任何非事件支持。例如，机构调度中心、机场、动员中心等。

Initial Action 初始行动：首先到达事故现场的资源所采取的行动。

Initial Response 初始响应：答应给予某一事件要使用的资源。

Intelligence Officer 情报人员：情报人员负责管理支持事件管理活动的内部信息、情报和行动安全需求。这些可能包括信息安全和业务安全活动，以及确保处理所有类型的敏感信息（例如机密信息、执法敏感信息、专有信息或出口控制信息）的方式，不仅要保护信息、也要确保它能到达那些需要使用它的人手中，从而有效安全地执行任务。

J

Joint Field Office 联合外地办事处（JFO）：联合外地办事处是一个在当地建立的临时性联邦机构，在发生具有国家重大意义的事件时，以协调对受影响地区的联邦业务援助行动。JFO 是一个多机构的中心，为联邦、州、地方、部落、非政府和私营部门的组织提供协调中心，主要负责威胁应对和事件支持与协调。JFO 能够有效地协调联邦事件相关的预防、准备、响应和恢复行动。JFO 取代了灾害现场办公室（DFO），并容纳了所有实体（或其指定代表），这些实体对事故管理、信息共享、灾害援助和其他支持至关重要。

Joint Information Center 联合信息中心（JIC）：为协调所有与事件有关的新闻活动而设立的设施。它是事故现场所有新闻媒体的联络中心。所有参与机构的公共信息官员应在 JIC 安排。

Joint Information System 联合信息系统（JIS）：将事故信息和公共事务整合成一个有凝聚力的组织，目的是在危机或事故行动中提供一致、协调、及时的信息。JIS 的任务是为开发和传递协调的机构间信息提供一个结构和系统；代表事件指挥官制定、建议和执行公共信息计划和战略；可能影响应变工作的公共事务，向事故指挥官提供意见；遏制谣言和不准确的信息，因为这些信息可能会破坏公众对应急响应工作的信心。

Jurisdiction 管辖范围：权力的范围或领域。公共机构对与其法律责任和权力有关的事件具有管辖权。事件的管辖权可以是行政的或地理的（例如，市、县、部落、州或联邦边界）或职能的（例如，执法、公共卫生）。

Jurisdictional Agency 管辖机构：对某一特定地理区域有管辖权和责任的机构，或具有指定职能的机构。

K

Kinds of Resources 资源的种类：描述资源是什么（例如，医生，消防队员，规划科长，直升机，救护车，可燃气体指示器，推土机）。

L

Landing Zone 着陆区域：参见 Helispot 直升机停机坪。

Leader 领导：特遣队、突击队或职能单位负责人的 ICS 头衔。

Liaison 联络：一种建立和保持相互了解和合作的沟通方式。

Liaison Officer 联络主任（LNO）：指挥工作人员的一名成员，负责与合作机构和作为辅助机构的代表协调。联络主任可能有助理。

Logistics 后勤：提供资源和其他服务，支持突发事件管理。

Logistics Section 后勤科：负责为事故提供设施、服务和物资的科。

Local Government 地方政府：县、直辖市、市、镇、乡、当地公共机构、学区、特区、州内地区、政府委员会（无论政府委员会是否根据州法律成立为非营利公司）、地区或州际政府实体，或者地方政府的机构或部门；一个印第安部落或被授权的部落组织，或在阿拉斯加的一个土著村庄或阿拉斯加地区的土著公司；农村社区，未合并的城镇或村庄，或其他公共实体。参见 2002 年《国土安全法》第 2(10) 节，公法第 107-296 号法令、第 116 号法令、第 2135 号法令（2002）。

M

Major Disaster 主要灾害：根据《罗伯特·T·斯塔福德灾害救济和紧急援助法案》（42U.S.C.5122）的定义，主要灾害是指所有自然灾害（包括飓风、龙卷风、风暴、高水位、风驱动水流、潮汐、海啸、地震、火山爆发、滑坡、泥石流、暴风雪或干旱），或无论何种原因，在美国任何地区发生的所有火灾、洪水或爆炸。总统可以依据本法案，根据这些灾害造成的损害程度向各州、部落、地方政府提供援助，以弥补其资源和能力的不足，用来减轻灾害造成的损失、困难和痛苦。

Management by Objective 目标管理：一种管理方法。包括四个步骤来实现事件目标。目标管理方法包括确立总体目标；制定和发布任务、计划、程序和协议；为各种事件管理职能活动制定具体的、可衡量的目标，并指导努力实现这些目标，以支持既定的战略目标；并记录结果，以衡量业绩并督促改正行动中的错误。

Managers 经理：ICS 组织单元中被分配特定管理职责的个人，例如，集结区域经理或营地经理。

Medical Unit 医疗股：后勤科服务科内的职能股，负责制订医疗应急计划，并为事故人员提供紧急医疗治疗。

Message Center 消息中心：消息中心是事件通信中心的一部分，并被配置或放置在其附近。它接收、记录和路由有关向事件、资源状态以及管理和战术通信报告的资源信息。

Mitigation 缓解：旨在减少或消除对人员或财产造成的风险或减轻事件的实际或潜在影响或后果的行动。缓解措施可以在事件发生之前、期间或之后实施。缓解措施往往是根据以往事件的教训采取的。缓解是指持续采取行动，减少危害的暴露程度、发生风险的可能性或潜在损失。措施可能包括分区和建筑法规，分析与危险有关的数据，以确定在哪里建造或定位临时设施是安全的。缓解措施包括教育政府、企业和公众为减少损失和伤害采取的措施。

Mobilization 动员：所有组织（联邦、州和地方）用于动员、集合和运输所有需要响应或支持事件的资源的过程和程序。

Mobilization Center 动员中心：一个事故以外的地点，应急服务人员和设备临时安置在那里，等待分配、释放或重新分配。

Multiagency Coordination 多机构协调（MAC）：协调援助机构资源和对紧急行动的支助。

Multiagency Coordination Entity 多机构协调实体：一个多机构协调实体在一个更广泛的多机构协调系统内发挥作用。它可以在事件和相关资源分配之间建立优先级，化解代理政策的冲突，并提供策略指导和指导支持事件管理活动。

Multiagency Coordination Systems 多机构协调系统（MAC）：多机构

协调系统提供了支持协调事件优先级、关键资源分配、通信系统集成和信息协调的体系结构。多机构协调系统的组成部分包括设施、设备、应急救援行动中心（EOC）、特定的多机构协调实体、人员、程序和通信。这些系统有助于各机构和组织充分整合 NIMS 的子系统。

Multiagency Incident 多机构事件：一个或多个机构协助一个或多个司法机关的事件。可以是单一指挥，也可以是统一指挥。

Mutual-Aid Agreement 互助协议：机构和/或管辖区之间的书面协议，它们通过相互帮助的方式，根据要求提供人员、设备和/或特定领域的专业知识。

N

National Incident Management System 国家事件管理系统（NIMS）：由 HSPD-5 授权的系统，为联邦、州、地方和部落政府提供一致的全国性方法；私营部门；非政府组织应共同有效地开展工作，为国内发生的事件做好准备、作出反应，并从这些事件中恢复过来，无论这些事件的原因、规模或复杂性如何。为了提供联邦、州、地方和部落功能之间的互操作性和兼容性，NIMS 包括一组核心概念、原则和术语。HSPD-5❶ 将其定义为 ICS；多部门协调系统；培训；查明和管理资源（包括资源类型分类系统）；资格和认证；以及事故信息和事故的收集、跟踪和报告资源。

National Response Plan 国家应对计划（NRP）：一项由 HSPD-5 授权的计划，将联邦家庭预防、准备、应对和恢复计划整合为一个全学科、全灾害的计划。

O

Officer 官员：是指负责安全、联络和公共信息等指挥工作岗位人员的 ICS 头衔。

Operational Period 运行期：确定的执行事件行动计划中指定的一组操作时间。运行期可以有不同的长度，但通常不超过 24 小时。

Operations Section 行动科：负责该事件的所有战术行动的部门。包括分支机构、分部和/或小组、特遣队、突击队、单一资源和集结地。

Out-of-Service Resources 停用资源：分配给某一事件的资源，但因器

---

❶ HSPD-5：Homeland Security Presidential Dircetive 国土安全总统指令——译者注。

械、休息或人员原因无法响应。

P

Planning Meeting 计划会议：在事件发生期间根据需要举行的会议，为掌控事件以及服务和支持计划选择具体的战略和战术。对于较大规模的事件，计划会议是制定事件行动计划的一个主要因素。

Planning Section 计划科：负责收集、评价和传播与事件有关的信息，并编制和记录事件行动计划。该科还保存有关当前和预测情况以及分配给该事件的资源状况的资料。包括情况、资源、文件和复员单位，以及技术专家。

Preparedness 备灾：一系列经过深思熟虑、重要的工作和活动，这些工作和活动对于建立、维持和提高行动能力十分必要，行动能力包括对于国内突发事件的预防、保护、响应和恢复。备灾工作是一个持续不断的过程。备灾工作需要各级政府、政府与私营部门和非政府组织的共同努力，以确定威胁、确定弱点和确定所需资源。在 NIMS 中，防范工作的重点是制定规划、培训和演习、人员资格和标准的指导方针、规程和标准认证、设备认证、出版管理。

Preparedness Organization 备灾组织：在非紧急情况下为国内事件的管理活动提供机构间协调的组织。备灾组织包括在事件管理、预防、准备、响应或恢复活动中发挥作用的所有机构。通过代表着各种各样的委员会、规划小组和其他组织，通过开会和协调，以确保在一个社区或地区内有相对应水平的规划、培训、装备和其他准备要求。

Prevention 预防：为避免事件或干预阻止事件发生而采取的行动。预防涉及保护生命和财产的行动。它涉及将情报和其他资料应用于可能包括威慑行动等反措施的一系列活动；加强检查；改进监视和安全行动；进行调查，以确定威胁的所有性质和来源；公共卫生和农业监测及检测程序；免疫、隔离或检疫；在适当的情况下，采取具体的执法行动，以威慑、先发制人、阻断或扰乱非法活动的方式，逮捕潜在的罪犯并将他们绳之以法。

Procurement Unit 采购股：财务/行政科部门内负责涉及销售合同的财务事项的功能单位。

Public Information Officer 公共信息官员（PIO）：指挥人员中的一员，负责与公众、媒体或其他有有关事件资料要求的机构联络。

R

    Recorders 记录员：ICS 组织单位中负责记录信息的人。可以在规划、后勤和财务/行政单位找到记录员。

    Reinforced Response 强化响应：在初始响应之外所要求的资源。

    Reporting Locations 报告地点：事件发生时收到的资源可以签到的地点或设施。（参见 Check-In 签入）

    Resources 资源：可用于或可能用于事件行动并保持状态的人员和主要设备、用品及设施。资源按种类和类型描述，可用于在事件或 EOC 的操作支持或监督能力。

    Recovery 恢复：服务和站点恢复计划的开发、协调和执行；重组政府运作和服务；提供住房和促进重建的个人、私营部门、非政府和公共援助项目；长期护理和治疗受影响的人；社会、政治、环境和经济恢复的额外措施；评估该事件，以确定吸取的教训；事故后报告；以及制定减轻未来事件影响的措施。

    Resource Management 资源管理：有效的事件管理需要一个系统来确定所有司法级别的可用资源，以便及时和不受阻碍地获取准备、响应或从事件中恢复所需的资源。新管理体系下的资源管理包括互助协议；使用联邦、州、地方和部落的特别团队；还有资源调动协议。

    Resources Unit 资源股：规划科内的业务股，负责记录为该事件提供的资源的状况。该股还评价目前用于该事件的资源、额外的应急资源对该事件的影响以及预期的资源需求。

    Response 应对：处理事件的短期直接影响的活动。应对措施包括立即采取行动拯救生命、保护财产和满足人类的基本需求。应对措施还包括执行紧急行动计划和减灾行动，以限制生命损失、人身伤害、财产损失和其他不利后果。如情况所示，应对行动包括运用情报和其他资料，以减轻事件的影响或后果；增加安全操作；继续调查威胁的性质和来源；持续的公共卫生和农业监测及检测过程；免疫、隔离或检疫；具体的执法行动，旨在先发制人、阻断或扰乱非法活动，逮捕真正的行凶者并将他们绳之以法。

S

    Safety Officer 安全主任：指挥人员的一名成员，负责监察和评估安全危险或不安全的情况，以及制订确保人员安全的措施。安全主任可能有助理。

Section 科：负责事故管理主要职能领域的组织一级，例如行动、规划、后勤、财务/行政和情报（如成立）。该科在组织上处于分局和事故指挥部之间。

Segment 部分：一个地理区域，在这个区域内，一个单一资源的工作队/突击队队长或主管被分配权力和责任，来协调资源和实施计划的战术。一个部分可以是一个区域或一个区域的局部。部分用阿拉伯数字进行标识。

Service Branch 服务科：后勤科内负责事故现场服务行动的一个科。包括通信、医疗和食物单位。

Single Resource 单一资源：一个人、一件设备及其人员补充，或一个船员或团队的个人与确定的工作主管，可用于一个事件。

Situation Unit 情况股：规划科内的职能股，负责收集、组织和分析事件状态的信息，并在情况发展时进行分析，向规划科主任报告。

Span of Control 控制范围：主管负责的个人数量，通常表示为主管与个人的比例。（在 NIMS 下，适当的控制范围在 1∶3 和 1∶7 之间。）

Staging Area 集结区：在等待战术任务时可以放置资源的地点。操作部分管理集结区域。

State 州：将首字母大写时，指美利坚合众国的任何州、哥伦比亚特区、波多黎各联邦、维尔京群岛、关岛、美属萨摩亚、北马里亚纳群岛联邦以及美利坚合众国的任何属地。参见 2002 年《国土安全法》第 2(14) 部分，公法第 107—296 号法令、第 116 号法令、第 2135 号法令（2002）。

Strategy 策略：为完成事件的指挥官设定的事件目标而选择的总体方向。

Strategic 策略的：事件管理的策略要素的特点是由民选或其他高级官员领导的持续的、长期的、高水平的规划。这些要素包括通过长期目标和目的、确定优先次序、制订预算和其他财政决定、制订政策和应用业绩或效力的措施。

Strike Team 突击队：由相同种类和类型的资源组合而成，具有共同的通信手段和一个领导。

Supervisor 监管：部门或集团负责人的 ICS 头衔。

Supply Unit 供应股：后勤科支助处内的业务单元，负责订购事件行动所需的设备和用品。

Support Branch 支助处：后勤科内的一个处，负责提供人员、设备和用品以支助事件行动。包括供应、设施和地面支援单位。

Supporting Materials 支持材料：指可能包含在事件行动计划中的几个附件，如通信计划、地图、安全计划、交通计划和医疗计划。

Support Resources 支持资源：在后勤、规划、财务/行政科或指挥参谋部的监督下的非战术资源。

T

Tactical Direction 战术方向：由行动部门主管指出的方向，包括执行选定战略所需的战术、执行战术所需资源的选择和分配、战术实施的方向，以及每个操作期间的性能监控。

Tactics 战术：部署和指导突发事件的资源分配，以完成突发事件的战略和目标。

Task Force 特遣队：为特定的战术需要将单一资源集中起来进行组合，有同步沟通和一个领导者。

Team 团队：参见 Single Resource 单一资源。

Technical Specialists 技术专家：具有特殊技能的人员，可以在 ICS 组织的任何地方派上用场。

Threat 威胁：表示可能的暴力、伤害或危险。

Time Unit 计时股：在财务/行政部门内负责记录事故人员和租用设备的时间功能单位。

Type 类型：ICS 中涉及能力的资源分类。类型 1 通常被认为比类型 2、3 和 4 更有能力，考量的原因有规模、权力、能力，或者在事件管理团队的情况下所具备的经验和资格。

Tools 工具：能够执行任务的专业工具和能力，如信息系统、协议、声明、能力和立法机构。

Tribal 部落的：任何印第安部落、团体、国家或其他有组织的团体或社区，包括依据《阿拉斯加原住民理赔法》定义或建立的所有阿拉斯加原住民村庄，因为印第安人的身份，他们被认为有资格享受美国向印第安人提供的特殊项目和服务。

U

Unified Area Command 统一区域指挥：同一区域指挥下的事件属于

多个司法管辖区时，即成立统一区域指挥。（参见 **Area Command** 区域指挥和 Unified Command 统一指挥。）

Unified Command 统一指挥：具有事件管辖权或事件跨越行政管辖权的机构可以使用 ICS 的一个应用程序。各机构通过统一指挥的指定成员（通常是来自参与统一指挥的机构和/或学科的高级人员）共同工作，以建立一套共同的目标和战略以及一套事件行动计划。

Unit 单位：对特定事件负有职能责任的组织单位，如计划、后勤或财务/行政活动。

Unity of Command 统一指挥：组织内的每个人只向一个指定的人报告。统一指挥的目的是确保在一名负责任的指挥官的领导下，为实现每一个目标而一起努力。

建议阅读资料

笔者列出了认为有价值的书籍清单，这些书籍有助于拓展应急管理人员的知识。第一份清单不包括官方历史或经验教训；相反，笔者认为它们是有价值的社会历史，可以为读者提供个人层面的细节和观点，而这些往往是官方历史所缺乏的。它们为开展培训、实施计划以及提出观点提供了丰富资源。笔者认为一个应急管理者不能仅仅依靠官方的培训手册和历史来为现实中的灾害做准备。即使是最好的培训，也会有遗漏的要点，因此需要这些书籍作为补充资料。这个清单没有特别的顺序，应该根据读者的兴趣来使用。这份清单并非全部，还有很多书可以为读者提供有用的信息。这只是笔者认为最好的书籍。第二份清单包括做研究时特别有用的参考资料，用于计划和练习。

社会历史

约翰 M·巴里：《大流感：历史上最致命瘟疫的史诗》（维京出版社，2004 年）。这是有关 1918 年流感暴发最好的历史记载。它细节描述极为详尽，这些细节可以让所有应急管理者了解下一次大流行对其社区的影响。

比尔·米努塔利奥：《燃烧的城市：被遗忘的灾害，摧毁了一个城镇，点燃了一场里程碑式的法律之战》（哈珀·柯林斯出版社，2003 年）。这本书的主题是两艘装载着数百万磅硝酸铵的船只在得克萨斯港爆炸。它详尽地展示了现代城市使用战术核武器将会是什么样子。

道格拉斯 G. 布林克利：《大洪水：卡特琳娜飓风，新奥尔良和密西西比海湾海岸》，（威廉莫罗出版社，2006 年）。这是关于卡特琳娜飓风影响深远的作品之一，详细地描述了海湾沿岸发生的事件。这是所有主要负责应对飓风的应急管理者的必读书目。它细节详尽，可使你停下思考，并确保你的这些问题涵盖在计划中。

帕特里克·奎迪和里克·纽曼：《交火：911 事件中拯救五角大楼的战斗》（Ballatine，2008 年）。这是笔者所读到的关于在一次重大恐怖袭击中，ICS 和 NIMS 实施得最好的描述。这本书从头到尾详细地记录了这场袭击所带来的混乱，以及为控制事件和建立一个有组织的行动而进行的斗争。对于任何想要了解自己在突发的恐怖袭击中面临的情况的应急响应官员或应急管理者来说，这本书都应该是必读的。每个教练员也应该将它放在书架上，因为它包含了大量的事件细节，可以很容易地转变为"假设"的场景。

马克·莱文：《F5：毁灭、生存和 20 世纪最猛烈的龙卷风爆发》（米拉麦克斯出版社，2007 年）。如果你居住在龙卷风走廊里，并且负责应急行动，那么这本书就是你应该阅读的。它对 F5 之后的混乱局面进行了详细描述，这为你在此类事件之后将面临的挑战提供了一个清晰的图景。尽管故事背景设定在应急管理的"黑暗时代"——20 世纪 70 年代，但它仍然包含了一定程度的细节，足以让受过训练的读者从头到尾体会到"如果……我会怎么办？"的时刻。

克里斯托弗·库珀和罗伯特·布洛克：《灾难：卡特琳娜飓风和国土安全的失败》（Times Books，2006 年）。这本研究深入、资源丰富的书是对错综复杂的国土安全部及其对卡特里娜飓风的反应的批判性审视。此外，它还对卡特琳娜飓风前后联邦应急管理署的状况进行了一定程度的探讨。这是在最大的灾难侵袭美国期间，对美国国家灾难应对组织的一次发人深省的审视。最让我震惊的一个事实是，"9·11"事件发生很长一段时间之后，卡特里飓风才发生，所有由此产生的时间、金钱和努力都花在了提高我们的应对能力上。

参考资料

大卫 E. 霍根，D.O.，F.A.C.E.P，乔纳森 L. 波斯坦，M.D.，F.A.C.E.P（编辑）：《灾难医学》（利平科特·威廉斯·威尔金斯出版公司，2002 年）。这是一本极好的参考书，里面有重要的统计数据、细节，以及每个问题和案例类型的逐次分析。对于任何想要了解灾难的医学方面的人来说，这是一个很好的计划参考。

《911 调查委员会报告，美国遭受恐怖袭击国家委员会的最终报告，授权版》。虽然报告的大部分内容没有涉及应急管理，但第 9 章"英雄主义与恐怖"对世贸中心行动进行了描述，这是我所读过的最详细的相关报告。无论是官方的还是非官方的，关于此次最大规模的平民对恐怖事件反应的历史记录都是不足的。这一章是目前最深入的研究之一，提供了很好的细节。

迈克尔·赖尔登（编辑）：《午夜后的一天：核战争的影响》（柴郡出版社，1982 年）。这本书是基于美国国会技术评估办公室的一份政府报告编写的，最初是为政府官员编写的。赖尔登先生将该报告提炼为有关一个很难找到有用信息的主题的重要硬数据来源。它所包含的数据有助于所有应急管理人员了解核爆炸对计划制定的直接和长期影响。

埃里克·奥夫·德·海德：《灾害应对：准备和协调的原则》（莫斯比出版社，1989 年）。最近，在一项网上调查中，这本书被认为是每个应急管理者的必读书。这是一个实用的指南，它有从实际灾难中总结的一个又一个案例，以及所需资源的实用清单。是一个真正的经典。

布莱恩 A. 杰克逊，D. J. 皮特森，詹姆斯 T. 贝特瑞思，汤姆·拉·图雷特，艾琳·布朗玛库兰，阿里·豪泽，杰瑞·索林格：《保护紧急情况应对者：从恐怖袭击中吸取的教训》（兰德科技政策研究所，2002 年）。2001 年 12 月，曾经历过世贸中心、五角大楼、俄克拉荷马城和炭疽信件的人召开了一次会议。这些人分享了他们在如何保护恐怖主义事件的第一响应者方面的经验教训。他们的实践经验为所有管辖区的政策制定提供了宝贵的经验。

索　引